Vieweg Programmbibliothek
Mikrocomputer 17

Gelenkgetriebe für die
Handhabungs- und Robotertechnik
(HP-41 CV)

Vieweg Programmbibliothek Mikrocomputer

Herausgegeben von Harald Schumny

Band 1
Graphik-Programme für TRS-80 und HP 9830

Band 2
Iterationen, Näherungsverfahren, Sortiermethoden
BASIC-Programme für CMB 3032, HP 9830, TRS-80, Olivetti 6060

Band 3
BASIC und Pascal im Vergleich

Band 4
BASIC-Anwenderprogramme

Band 5
BASIC-Programme für den PC-1211/1212

Band 6
Programme für den Einplatinencomputer TM 990/189

Band 7
PC-1500-Sammlung I

Band 8
Programme für den PC-1251

Band 9
PC-1500-Sammlung II

Band 10
PC-1500-Sammlung III

Band 11
Anwenderprogramme zum ZX-81 und ZX-Spectrum

Band 12
17 Spiele für den PC-1500 A

Band 13
Ausgewählte BASIC-Computerspiele (Atari 800)

Band 14
Lineares Optimieren
11 HP-41-Programme

Band 15
Dienstprogramme (Tool-Kit) für den HP-41

Band 16
Geodätische Berechnungsmethoden (Standard-BASIC)

Band 17
Gelenk-Getriebe für die Handhabungs und Robotertechnik (HP-41 CV)

Band 18
Probleme der Festigkeitslehre
Programme für den HP-41

Vieweg Programmbibliothek
Mikrocomputer Band 17

Harald Schumny (Hrsg.)

Gelenkgetriebe für die Handhabungs- und Robotertechnik

Drei Programmsysteme für den HP-41 CV
mit vielen Beispielen

von Kurt Hain

V

Springer Fachmedien Wiesbaden GmbH

Der Autor des Buches

Dr.-Ing. E.h. *Kurt Hain*
Peterskamp 12
3300 Braunschweig

Das in diesem Buch enthaltene Programm-Material ist mit keiner Verpflichtung oder Garantie irgendeiner Art verbunden. Der Autor übernimmt infolgedessen keine Verantwortung und wird keine daraus folgende oder sonstige Haftung übernehmen, die auf irgendeine Art aus der Benutzung dieses Programm-Materials oder Teilen davon entsteht.

ISBN 978-3-528-04331-5 ISBN 978-3-663-14114-3 (eBook)
DOI 10.1007/978-3-663-14114-3

1984

Ursprünglich erschienen bei Friedr. Vieweg & Sohn Verlagsgesellschaft mbH, Braunschweig 1984.

Umschlaggestaltung: Peter Lenz, Wiesbaden

Inhaltsverzeichnis

Vorwort

Die Theorie der ungleichmäßig übersetzenden Getriebe ist wegen der mathematischen Zusammenhänge hohen Grades sehr schwierig zu durchdringen, und deshalb beschränkt sich die Mehrzahl der Konstrukteure auf den Einsatz der einfachsten Getriebe-Strukturen mit Steuerungen durch elektronische Baugruppen. Durch die Entwicklung der programmierbaren Rechner eröffnen sich aber nun Perspektiven, die auch die mehrgliedrigen Getriebe leichter überschaubar erscheinen lassen und damit zu deren vermehrtem Einsatz anregen.

In der Handhabungs- und Robotertechnik wird besonderer Wert auf die Flexibilität, also auf die Anpassungsfähigkeit an veränderliche Arbeitsbedingungen gelegt. In dieser Richtung sind aber den mechanischen Einrichtungen Grenzen gesetzt, die durch intensive Forschungsarbeiten mit besonderer Ausnutzung der Vorzüge der Getriebe weiter gesteckt werden können. Deshalb soll in diesem Buch versucht werden, einen Beitrag für mehr Ausgewogenheit zwischen Mechanik und Elektronik zu liefern, indem für zwei Haupt-Rechenprogramme grundlegende Anwendungsbeispiele aus der Handhabungstechnik behandelt werden. Beide Programme wurden bereits in Zusammenarbeit mit Herrn Dr.-Ing. H. Schumny in dem Buch "Gelenkgetriebe-Konstruktionen mit Kleinrechnern" (Verlag Vieweg, Reihe "Anwendung von Mikrocomputern" Band 9) für die beiden Rechner HP-41CV und HP-85 in allen Einzelheiten erläutert, so daß sie für andere Rechnertypen ohne große Schwierigkeiten programmierbar sind. Im folgenden wird mit dem Rechner HP-41CV gearbeitet, es steht aber sofort für dieselben Beispiele auch der Rechner HP-85 ohne besondere Vorbereitung zur Verfügung.

Bei den hier gezeigten Beispielen aus der Handhabungstechnik braucht wegen der Kenntnis der Programme nur mit kurzen Anleitungen gearbeitet zu werden. Besonderer Wert wird in allen Fällen auf die Vorführung von Zahlenbeispielen gelegt, damit gegebenenfalls durch Maßstabsänderungen die gezeigten Getriebe unmittelbar verwendet werden können. Außerdem werden noch Bewertungs-Urteile an Hand von Kennwerten aufgestellt, um weitgehende Qualitätsvergleiche zu ermöglichen. Damit wird aber auch die Erwartung verbunden, daß zusätzlich von anderen Stellen nach besseren Ergebnissen gesucht wird. Bei Entwurfsarbeiten kann dabei mit einer großen Sicherheit gerechnet werden, in die Nähe der optimalen Bereiche gekommen zu sein, eine Sicherheit, die nicht hoch genug eingeschätzt werden kann.

Der Dank des Verfassers für das Zustandekommen dieses Buches gilt dem Herausgeber der Buchreihe, Herrn Dr.-Ing. H. Schumny und auch den Herren des Vieweg-Verlages, die für sorgfältige Bearbeitung und für eine rasche Herausgabe sorgten.

Braunschweig, im Mai 1984

Kurt Hain

1 Die besonderen Eigenschaften der ungleichmäßig übersetzenden Gelenkgetriebe

In den Diskussionen und Veröffentlichungen auf dem Gebiete der Automatisierungstechnik hinsichtlich der Handhabungsgeräte wird meist über die "Kinematik" nur beiläufig gesprochen. Die diese Kinematik mit außerordentlich hohen Ansprüchen u.a. auch erzeugenden, ungleichmäßig übersetzenden Kurven- und Gelenkgetriebe (Kurbelgetriebe oder Koppelgetriebe) haben z.B. innerhalb der Verarbeitungsmaschinen zu beachtlichen Leistungssteigerungen geführt. Es wäre nun zu erwarten, daß alle dabei gesammelten Erfahrungen auch auf die Bewegungsprobleme zwischen den Maschinen und Arbeitsstationen übertragen werden. Die Entwicklungstendenzen zeichnen sich aber nur noch in Richtung weitestgehender Flexibilität mit elektronischer Bewegungssteuerung einfacher mechanischer Bauelemente ab, wenn es sich auch gelegentlich herausstellt, daß ein universal gesteuertes Gerät während seines ganzen Bestehens nur für eine einzige Bewegungsaufgabe eingesetzt wird.

Die ungleichmäßig übersetzenden Getriebe sind "Funktionsträger" vielfacher Art, und diese Funktionen lassen sich mit hoher Genauigkeit beliebig oft wiederholen. Allerdings können mit den Gelenkgetrieben, die hier behandelt und angewendet werden sollen, gegebene Bewegungsgesetze nur mit Annäherungen verwirklicht werden, die jedoch bei Voraussetzung optimaler Methoden mit um so geringeren Abweichungen in Kauf genommen werden müssen, je höherer Aufwand getrieben wird, d.h. in vorliegendem Falle, je höhere Gliederzahl die verwendeten Getriebe aufweisen. Selbstverständlich sollte mit allen Mitteln versucht werden, erst dann zu höherem Aufwand überzugehen, wenn alle Möglichkeiten ausgeschöpft sind.

Die ungleichmäßig übersetzenden Gelenkgetriebe, das sind Getriebe, deren Glieder nur mit Dreh- und Schubgelenken verbunden sind, werden in vorliegendem Buch für gegebene Bewegungsgesetze und für vorgeschriebene Bahnkurven berechnet, womit das Gebiet der Getriebesynthese gekennzeichnet ist. Es werden zwei verhältnismäßig umfangreiche Rechenprogramme, die in allen Einzelheiten schon an anderer Stelle dargestellt worden sind [1.1], für eine Reihe von Anwendungsbeispielen aus der Handhabungstechnik eingesetzt. Deshalb soll es genügen, wenn lediglich die Ausdrucke beider Programme aufgenommen werden und im übrigen versucht wird, mit Bedienungs-Anweisungen auszukommen, was wesentlich durch die Aufnahme der Ausdrucke mit den Eingangs- und Ergebniswerten unterstützt wird.

Die Gelenkgetriebe besitzen die hervorragende Eigenschaft, große Kräfte bei hohen Geschwindigkeiten übertragen zu können. Sie garantieren ein genaues Positionieren und lassen sich leicht und übersichtlich einstellen und justieren, und dies sogar während des Ganges! Damit ist aber auch ihre Flexibilität, d.h. ihr Einsatz für veränderliche Arbeitsbedingungen, angesprochen. Hier muß festgestellt werden, daß, nach dem heutigen Stand der Technik, in dieser Richtung verhältnismäßig enge Grenzen gesetzt sind, die allerdings durch intensive Forschung noch erweitert werden sollten.

Die numerische Behandlung der Gelenkgetriebe ist mit geschlossenen Gleichungen nur in sehr bescheidenem Maße möglich, und deshalb standen bisher die graphischen Methoden im Vordergrund. Nach Einführung der programmierbaren Rechner wurde die Suche nach einsatzfähigen Algorithmen, gelegentlich sogar mit der Aufstellung neuartiger Rechenmethoden, aufgenommen.

Die beiden hier verwendeten Synthese-Programme fußen auf der "Zeichnungsfolge-Rechenmethode", nach der mit dem Einsatz der analytischen Geometrie die zeichnerischen Schritte nachvollzogen werden mit dem Vorzug, daß in jeder Zwischenphase eine leichte Vergleichsmöglichkeit mit der Zeichnung gegeben ist.

Eine praxisgerechte Getriebe-Berechnung und -Konstruktion kann sich aber nicht mit der reinen Getriebe-Synthese begnügen, vielmehr müssen in besonderem Maße die "Nebenbedingungen" beachtet werden, die sich meist nur durch Nachrechnungen prüfen lassen. Diese sind z.B. die Durchlaufmöglichkeit des berechneten Getriebes durch die vorgegebenen Lagen auch in der vorgeschriebenen Reihenfolge, eine befriedigende Güte der Bewegungsübertragung, die Berücksichtigung der Kollisions-Gefahren, der Raumbedarf und nicht zuletzt das Streben nach einem beschleunigungsgünstigen Verhalten, d.h. die Berücksichtigung der Massenkräfte und der Lager- und Gelenk-Belastungen.

Eine Reihe solcher Nachprüfungen ist in die Programme eingebaut worden, und mit Ausnutzung zahlreicher IF-Schranken und Abrufen von Unterprogrammen durch Steuerprogramme wird ein vollautomatischer Ablauf des Gesamt-Programms innerhalb eines Lösungsfeldes ermöglicht, dessen Grenzen durch die Eingabe entsprechender Grenzwerte einstellbar sind. Die Rechenbeispiele werden mit dem Rechner HP-41CV vorgeführt [1.1]. Die Programme liegen sofort einsatzfähig auch für den Rechner HP-85 vor, sie können auch für jeden anderen Rechner aufbereitet werden.

2 Berechnung von Funktionsgetrieben für gegebene Winkelzuordnungen

In zwangsläufigen Getrieben sind die Winkel-Bewegungen zweier im Gestell gelagerter Glieder nach dem getriebeeigenen Gesetz einander zugeordnet, beide erfüllen also eine eindeutig definierte Funktion. Wenn nun durch vorgeschriebene Arbeitsbedingungen eine bekannte Funktion mechanisch zu realisieren ist, kann man sich z.B. im Bewegungsdiagramm eine Anzahl von "Genaupunkten" aussuchen und nur für diese die Abmessungen eines Gelenkvierecks zu berechnen versuchen. Je mehr man in der Lage ist, solche Genaupunkte vorzuschreiben und zu erfüllen, um so genauer muß die Übereinstimmung zwischen diesen Punkten des gegebenen Gesetzes mit demjenigen des Gelenkvierecks übereinstimmen.

Für das Gelenkviereck ist bekannt, daß es für 4 Lagen, die also drei Winkel einschließen, noch unendlich viele Gelenkvierecke mit geometrischen Örtern auf der Kreispunktkurve gibt [2.1]. Für 4 Winkelzuordnungen gibt es dann nur noch 3 (bzw. 4) Lösungen, die aber wegen starker Einschränkungen selten zu brauchbaren Getrieben führen. In dem hier gegebenen Rahmen soll nun ein neuer Weg verfolgt werden, indem 5 Lagen (4 Winkel) einzugeben sind, für die Lagen 1-2-3, sowie für 1-4-5 je eine Dreilagenberechnung durchzuführen ist, und das gesamte Lösungsfeld nach den kleinsten Differenzen zwischen beiden Lösungen abgetastet wird [2.2]. Weitere Programmablauf-Einzelheiten werden am folgenden ersten Beispiel erläutert. Wenn es für die gegebene Aufgabe eine oder einige Fünflagen- (Vierwinkel-)Lösungen gibt, müssen diese auch erkannt und gefunden werden.

Das Rechenprogramm ist in T a b e l l e 2.1 ausgedruckt. Mit seinen 490 Programmplätzen hat es bei weitem die volle Kapazität des Rechners HP-41CV noch nicht ausgefüllt.

Tabelle 2.1 Ausdruck des Programms „Getriebe-Synthese für Winkelzuordnungen"

Size 051

```
01♦LBL "HN10"
02♦LBL 20
03 RCL 21
04 RCL 22
05 -
06 RCL 32
07 RCL 31
08 -
09 /
10 STO 26
11 RCL 21
12 RCL 23
13 -
14 RCL 33
15 RCL 31
16 -
17 /
18 STO 27
19 RCL 26
20 CHS
21 RCL 22
22 RCL 21
23 +
24 *
25 RCL 32
26 +
27 RCL 31
28 +
29 STO 28
30 RCL 27
31 RCL 23
32 RCL 21
33 +
34 *
35 +
36 RCL 33
37 -
38 RCL 31
39 -
40 2
41 /
42 RCL 27
43 RCL 26
44 -
45 /
46 STO 27
47 RCL 26
48 *
49 RCL 28
50 2
51 /
52 +
53 STO 26
54 RCL 31
55 -
56 ENTER↑
57 RCL 27
58 RCL 21
59 -
60 R-P
61 STO 28
62 RTN
63♦LBL 21
64 RCL 07
65 RCL 16
66 +
67 ENTER↑
68 RCL 02
69 P-R
70 RCL 05
71 -
72 R-P
73 X<>Y
74 RCL 17
75 -
76 X<>Y
77 P-R
78 STO 16
79 X<>Y
80 STO 17
81 RTN
82♦LBL 22
83 RCL 26
84 RCL 19
85 -
86 ENTER↑
87 RCL 27
88 RCL 18
89 -
90 R-P
91 STO 39
92 RTN
93♦LBL 31
94 RCL 07
95 ENTER↑
96 RCL 02
97 P-R
98 RCL 05
99 -
100 STO 21
101 X<>Y
102 STO 31
103 RCL 08
104 STO 16
105 RCL 12
106 STO 17
107 XEQ 21
108 RCL 16
109 STO 22
110 RCL 17
111 STO 32
112 RCL 09
113 STO 16
114 RCL 13
115 STO 17
116 XEQ 21
117 RCL 16
118 STO 23
119 RCL 17
120 STO 33
121 XEQ 20
122 RCL 27
123 STO 18
124 RCL 26
125 STO 19
126 RCL 28
127 STO 20
128 RCL 10
129 STO 16
130 RCL 14
131 STO 17
132 XEQ 21
133 RCL 16
134 STO 22
135 RCL 17
136 STO 32
137 RCL 11
138 STO 16
139 RCL 15
140 STO 17
141 XEQ 21
142 RCL 16
143 STO 23
144 RCL 17
145 STO 33
146 XEQ 20
147 RCL 28
148 RCL 20
149 -
150 STO 44
151 XEQ 22
152 RTN
153♦LBL 23
154 XEQ 31
155 RCL 39
156 STO 37
157 RCL 02
158 .0001
159 +
160 STO 02
161 XEQ 31
162 RCL 37
163 -
164 ENTER↑
165 .0001
166 R-P
167 X<>Y
168 SIN
169 SIGN
170 STO 37
171 RTN
172♦LBL 24
173 RCL 02
174 RCL 00
175 +
176 STO 02
177 PSE
178 RCL 02
179 RCL 30
180 X<>Y
181 X>Y?
182 XEQ 41
183 XEQ 31
184 STO 38
185 RCL 02
186 .001
187 +
188 STO 02
189 XEQ 31
190 RCL 38
191 -
192 ENTER↑
193 .001
194 R-P
195 X<>Y
196 SIN
197 STO 38
198 RCL 37
199 *
200 0
201 X<>Y
202 X<=Y?
203 XEQ 26
204 XEQ 24
205♦LBL 27
206 RCL 41
207 RCL 02
208 *
209 RCL 39
210 RCL 02
211 RCL 00
212 +
213 *
214 -
215 RCL 41
216 RCL 39
217 -
218 /
219 STO 02
220 RTN
221♦LBL 26
222 TONE 9
223 RCL 39
224 STO 41
225 RCL 02
226 RCL 00
227 -
228 STO 02
229 XEQ 31
230 RCL 02
231 STO 42
232 XEQ 27
233 XEQ 31
234 RCL 42
235 STO 02
236 RCL 00
237 .1
238 *
239 STO 00
240 .0001
241 X<>Y
242 X<=Y?
243 XEQ 28
244 RCL 38
245 ABS
246 .01
247 X<>Y
248 X<=Y?
249 XEQ 28
250 RCL 39
251 ABS
252 RCL 05
253 X<>Y
254 X>Y?
255 XEQ 45
256 XEQ 24
257♦LBL 45
258 RCL 43
259 STO 00
260 RCL 02
261 RCL 00
262 +
263 STO 02
264 XEQ 23
265 XEQ 24
266♦LBL 28
267 "======"
268 PRA
269 XEQ 31
270 RCL 18
271 RCL 27
272 +
273 2
274 /
275 STO 45
```

Tabelle 2.1 (Fortsetzung)

```
276 RCL 19
277 RCL 26
278 +
279 2
280 /
281 STO 46
282 RCL 46
283 ENTER↑
284 RCL 45
285 R-P
286 STO 04
287 X<>Y
288 STO 47
289 "PHI*,PSI*,A,BD"
290 PRA
291 RCL 07
292 PRX
293 RCL 47
294 PRX
295 RCL 02
296 PRX
297 RCL 39
298 PRX
299 RCL 31
300 ENTER↑
301 RCL 21
302 R-P
303 X<>Y
304 RCL 47
305 -
306 SIN
307 SIGN
308 STO 06
309 RCL 31
310 RCL 46
311 -
312 ENTER↑
313 RCL 21
314 RCL 45
315 -
316 R-P
317 STO 03
318 "A,B,C,D,S"
319 PRA
320 RCL 02
321 PRX
322 RCL 03
323 PRX
324 RCL 04
325 PRX
326 RCL 05
327 PRX
328 RCL 06
329 PRX
330 "MUE:1-2-3-4-5"
331 PRA
332 0
333 STO 48
334 XEQ 29
335 RCL 08
336 STO 48
337 XEQ 29
338 RCL 09
339 STO 48
340 XEQ 29
341 RCL 10
342 STO 48
343 XEQ 29
344 RCL 11
345 STO 48
346 XEQ 29
347 "MUE:6-7"
348 PRA
349 RCL 49
350 STO 48
351 XEQ 29
352 RCL 50
353 STO 48
354 XEQ 29
355 "MUE:I-A"
356 PRA
357 RCL 07
358 CHS
359 STO 48
360 XEQ 29
361 180
362 RCL 07
363 -
364 STO 48
365 XEQ 29
366 RCL 43
367 STO 00
368 RCL 02
369 RCL 00
370 +
371 STO 02
372 "======"
373 PRA
374 XEQ 23
375 RTN
376♦LBL 41
377 ADV
378 "PHI*-ENDE"
379 PRA
380 RCL 07
381 PRX
382 RCL 29
383 STO 02
384 RCL 07
385 RCL 01
386 +
387 STO 07
388 XEQ 23
389 XEQ 24
390♦LBL 29
391 RCL 07
392 RCL 48
393 +
394 ENTER↑
395 RCL 02
396 P-R
397 RCL 05
398 -
399 R-P
400 X↑2
401 CHS
402 RCL 04
403 X↑2
404 +
405 RCL 03
406 X↑2
407 +
408 2
409 /
410 RCL 03
411 /
412 RCL 04
413 /
414 SF 25
415 ACOS
416 PRX
417 RTN
418♦LBL 30
419 SF 12
420 "VIER-WINKEL"
421 PRA
422 "ZUORDNUNG"
423 PRA
424 CF 12
425 "PHI*"
426 PRA
427 RCL 07
428 PRX
429 "PHI:12,13,14,15"
430 PRA
431 RCL 08
432 PRX
433 RCL 09
434 PRX
435 RCL 10
436 PRX
437 RCL 11
438 PRX
439 "PSI:12,13,14,15"
440 PRA
441 RCL 12
442 PRX
443 RCL 13
444 PRX
445 RCL 14
446 PRX
447 RCL 15
448 PRX
449 "D,D-PHI"
450 PRA
451 RCL 05
452 PRX
453 RCL 01
454 PRX
455 "A*,D-A,A-MAX"
456 PRA
457 RCL 29
458 PRX
459 RCL 00
460 PRX
461 RCL 30
462 PRX
463 "PHI:16,17"
464 PRA
465 RCL 49
466 PRX
467 RCL 50
468 PRX
469 RCL 00
470 STO 43
471 RCL 29
472 STO 02
473 "-.-.-.-.-."
474 PRA
475 XEQ 23
476 XEQ 24
477♦LBL 40
478 "A*,A-MAX,DA"
479 PRA
480 RCL 29
481 PRX
482 RCL 30
483 PRX
484 RCL 00
485 PRX
486 RCL 06
487 STO 43
488 XEQ 23
489 XEQ 24
490 .END.
```

2.1 ERZEUGUNG EINES GEGEBENEN KURVENVERLAUFES AN EINEM AUF EINEM TRANSPORTBAND BEWEGTEN WERKSTÜCK

Nach Bild 2.1 ist folgende Aufgabe zu lösen: Ein Werkstück W bewegt sich auf einem Transportband, und auf seiner Seitenwand ist eine vorgegebene Kontur k zu erzeugen, z.B. lediglich als ein Schriftzeichen oder auch als Löt- oder Schweißnaht, als vom Schneidbrenner zu verwirklichende Trennkante als Fräs- oder Schleifnut. Am Werkstück ist für andere Zwecke ein Stift oder eine Rolle C vorhanden, die nun ein Teilstück des in A_0 gelagerten Hebels a antreibt. Über den Koppelhebel b ist der in B_0 gelagerte Hebel c so zu bewegen, daß ein auf ihm angebrachtes Werkzeug E die gegebene Kontur k möglichst genau erzeugt. Es ist also eine Funktion zwischen den Hebeln a und c zu erfüllen. Das Seitenstück des Hebels a wird mit einer Feder an die Rolle C angepreßt, und es wird nach Durchlaufen der Arbeitsstrecke wieder freigegeben, so daß der Hebel a gegen einen Anschlag wieder in seine Anfangsstellung zurückkehrt und das nächste Werkstück bearbeitet werden kann.

Nach Bild 2.2 mit dem Getriebeschema des Bildes 2.1 kann man zunächst die Lage der Gestellpunkte A_0 und B_0 beliebig annehmen. Nach praktischen Gesichtspunkten wählt man auf der gegebenen Kurve k fünf Punkte E_1 bis E_5, und mit dem angenommenen Radius B_0D des Arbeitshebels schneiden die Parallelen zur Transportrichtung durch die E-Punkte diesen Kreis in den Punkten D_2 bis D_5, wenn $D_1 = E_1$ als Bezugspunkt angesehen werden soll. Damit sind die Winkel ψ_{12} bis ψ_{15} festgelegt. Die sich daraus ergebenden Strecken s_{12} bis s_{15} erhalten wir auf der Waagerechten durch den angenommenen Punkt C_1 und führen zu den Punkten C_2 bis C_5, und die Strahlen von C_1 und von C_2 bis C_5 definieren die Winkel φ_{12} bis φ_{15}.

Nun ist ein Gelenkviereck zu berechnen, das in A_0 einen Hebel a mit den φ-Winkeln und in B_0 einen Hebel c mit den zugeordneten ψ-Winkeln realisiert. Am Bild 2.3 soll der Gang der Berechnung beschrieben werden. Das Gestell $A_0B_0 = d$ liegt fest. Mit dem im Bild 2.1 eingetragenen Winkel φ^* ist die Winkellage eines Strahles als geometrischer Ort für das Gelenk A und damit auch für die Länge A_0A ausgewählt. Mit den φ-Winkeln, Bild 2.3, ergeben sich die Punkte A_2 bis A_5, und diese Punkte werden um B_0 und um die negativen ψ-Winkel verdreht, wobei sich die Lagen A_2' bis A_5' einstellen. Nun werden die Kreise durch je drei Punkte A_1, A_2', A_3' und durch A_1, A_4', A_5' mit ihren Mittelpunkten B_{123} und B_{145} berechnet. Die Lage von A_1 auf dem φ^* -Strahl wird zwischen einstellbaren Grenzen so lange verändert, bis, mit Hilfe einer IF-Schranke, ein Minimum-Wert des Mittelpunktabstandes $B_{123}B_{134}$ errechnet ist. Hierbei wird die Schrittweite für die Regula falsi bis auf einen kleinst einstellbaren Wert verringert. Für jedes Minimum werden die zugehörigen Gelenkviereck-Abmessungen und die entsprechenden Kennwerte berechnet.

Der Rechner wandert dann aber weiter auf dem φ^* -Strahl, und wenn kein weiteres Minimum feststellbar ist, druckt er nach Überschreiten eines einstellbaren a_{max}-Wertes den φ^* -Winkel aus und schaltet mit dem einstellbaren Zeilensprung $\Delta\varphi$ auf einen neuen φ^* -Strahl um. Dies wird automatisch so lange fortgesetzt, bis entweder nach Einsicht in die bislang ausgedruckten Ergebnisse manuell ausgeschaltet wird oder bis das gesamte, einstellbare Lösungsfeld abgetastet worden ist.

2.2 BEDIENUNGSANWEISUNG FÜR PROGRAMM "WINKELZUORDNUNGEN"

An Hand der Beispielbilder 2.1 bis 2.3 soll nun die Bedienungsanweisung mit den Angaben der Tabelle 2.2 gegeben gegeben werden. Sämtliche Eingangswerte werden nach den R-Speichern, wie in der Tabelle angegeben, vor dem Start des Rechners manuell eingetastet. Der Anfangswinkel φ^* wird nur zu Beginn eingetastet, beim automatischen Rechenablauf ändert er sich mit der Schrittweite $\Delta\varphi$. Die φ - und die ψ-Winkel haben ihre Speicher R_{08} bis R_{11}, sowie R_{12} bis R_{15}. Die Gestellänge $d = R_{05}$ gilt als Maßstabswert für das Getriebe. Wenn sie geändert wird, verändern sich alle Längenmaße im Änderungs-Maßstab, sämtliche Winkelwerte behalten aber ihre Größe. Zwischen dem Kleinstwert a^* und dem Größtwert a_{max} von a wird mit der

Tabelle 2.2 Programmablauf für das Beispiel der Bilder 2.1 bis 2.3

XEQ 30

```
VIER-WINKEL
ZUORDNUNG
PHI*
  -25.00000000   φ* = R07
PHI:12,13,14,15
   12.50000000   φ12 = R08
   27.00000000   φ13 = R09
   41.00000000   φ14 = R10
   53.50000000   φ15 = R11
PSI:12,13,14,15
   -3.054000000  ψ12 = R12
  -11.74000000   ψ13 = R13
  -23.21000000   ψ14 = R14
  -34.59000000   ψ15 = R15
D,D-PHI
   70.00000000   δ = R05
   10.00000000   Δφ = R01
A*,D-A,A-MAX
   5.000000000   a* = R29
   5.000000000   Δa = R00
   50.00000000   a_max = R30
PHI:16,17
   60.00000000   φ16 = R49
  -10.00000000   φ17 = R50
                 (Eingangswerte)
-.-.-.-.-.
======
PHI*,PSI*,A,BD
  -25.00000000
  -176.6525673
  7.642100000
  117.4004763
A,B,C,D,S
  7.642100000
  38.08037856
  25.07725767
  70.00000000
  -1.000000000
MUE:1-2-3-4-5
  179.3097731
  163.8880449
  161.4027932
  165.7296048
  -1.015327231
MUE:6-7
  -1.048750551
  -1.048750551
MUE:I-A
  161.3415819
  -2.067807503
======
```

```
======
PHI*,PSI*,A,BD
  -25.00000000   φ* = R07
  -149.1862087   ψ* = R47
  28.76240000    a = R02
  8.464404619    B = R39
A,B,C,D,S
  28.76240000    a = R02
  14.45351446    b = R03
  35.99842415    c = R04
  70.00000000    d = R05
  -1.000000000   s = R06
MUE:1-2-3-4-5
  123.4124302    μ1
  106.2503777    μ2
  100.9800741    μ3
  109.7558087    μ4
  131.0744994    μ5
MUE:6-7
  152.6130044    μ6
  152.6130044    μ7
MUE:I-A
  100.8425265    μi
  -7.927312777   μa
                 (Ergebniswerte)
======
======
PHI*,PSI*,A,BD
  -25.00000000
  -176.3614397
  39.42050000
  15.76154740
A,B,C,D,S
  39.42050000
  12.44827906
  42.96311043
  70.00000000
  1.000000000
MUE:1-2-3-4-5
  59.14327781
  29.07274732
  6.703639973
  37.20922367
  68.21946481
MUE:6-7
  86.37619716
  86.37619716
MUE:I-A
  4.926076825
  -9.322872369
======

PHI*-ENDE
  -25.00000000

PHI*-ENDE
  -15.00000000
```

Sprungweite Δa jeder von A_0 ausgehende φ^* -Strahl abgetastet. Von besonderer Wichtigkeit ist die Eingabe der Winkel φ_{16} und φ_{17}. Sie geben den Bewegungsbereich für das Glied a an, in welchem sich das Getriebe jenseits des Rechenbereiches noch mit Sicherheit bewegen lassen muß, sie werden mit entsprechenden Vorzeichen von der Bezugslage 1 aus gemessen.

Für das Beispiel der Bilder 2.1 bis 2.3 ergeben sich z.B. auf dem Strahl $\varphi^* = -25^0$ zwischen den Grenzen $a^* = 5$ und $a_{max} = 50$ drei Lösungen mit den Längen a = 7,64.., 28,76.., 39,42... Die Lösung mit a = 28,76 wurde aus den im folgenden angegebenen Gründen als die bessere ausgewählt. Unter den Ergebniswerten werden zunächst die Winkel φ^* und ψ^* zur Kennzeichnung der Getriebe-Anfangslage, Bild 2.1, ausgedruckt. Die Zahlenangabe für B ($=R_{39}$) kennzeichnet den Kleinst-Abstand der erwähnten Kreismittelpunkte, sie ist als Genauigkeits-Kennwert anzusehen. Neben den Hebel-Abmessungen a, b, c, d erfolgt noch die Zahlenangabe (± 1) des Bereichswertes s. Er gibt nach Bild 2.1 an, ob der Zweischlag aus b und c unterhalb oder oberhalb der Diagonalen m gelegen ist. Bei $\psi_m < \psi_c$ (im Bereich 0^0 bis 180^0) ist s = -1.

Von ausschlaggebender Bedeutung für den befriedigenden Lauf des Getriebes ist der Übertragungswinkel μ. Er wird zwischen den Gliedern b und c gemessen. Bei $\mu = 0^0$ und $\mu = 180^0$ ist eine Bewegungsübertragung beim Antrieb am Glied a unmöglich! Meist wird die Abweichung vom Bestwert $\mu = 90^0$ angegeben, so daß z.B. ein $\mu = 150^0$ mit einem $\mu = 30^0$ gleichzusetzen ist. In Tabelle 2.2 werden die Übertragungswinkel μ_1 bis μ_5 für die vorgegebenen Lagen ausgedruckt und außerdem μ_6 und μ_7, die beide anzeigen, mit welcher Übertragungsgüte die durch φ_{16} und φ_{17} gesetzten Bewegungsgrenzen erreicht werden. Die Winkel μ_i und μ_a gelten für die Deck- und Strecklage von a mit d, mit den für das umlauffähige Gelenkviereck gültigen Kleinstwerten. Sie lassen also erkennen, ob das berechnete Gelenkviereck umlaufen kann. Da dies in vielen Fällen gar nicht gefordert zu werden braucht, können diese Werte unbeachtet bleiben. Das Programm, Tabelle 2.2, wird mit dem Label-Abruf XEQ 30 eingeleitet, das nach dem Eingangswerte-Ausdruck sofort mit den eingegebenen Werten φ^* und a^* den Rechnungsgang einleitet. Für Zwischenrechnungen, bei denen die Liste der Eingangswerte und der kleinste Eingangswert a^* nicht erwünscht sind, kann die Programm-Einleitung mit XEQ 40 vorgenommen werden.

Das Beispiel der Kontur-Erzeugung läßt genügend freie Eingangs-Parameter, z.B. die Lage von A_0 und B_0, offen, so daß eine Anpassung an gegebene Konturen erleichtert wird. Es ist darüber hinaus möglich, durch einstellbare Hebellängen das gesamte Spektrum des Gelenkvierecks voll auszunutzen, wie dies beim Formdrehen in Drehmaschinen gezeigt wurde [2.3].

2.3 BERECHNUNGEN FÜR BESCHLEUNIGUNGSGÜNSTIGE GETRIEBE

Es wurde schon darauf hingewiesen, daß außer der nach Programm ablaufenden Getriebe-Synthese noch wichtige "Nebenbedingungen" berücksichtigt werden sollten. Wenn die Arbeitsgeschwindigkeiten bei Handhabungsgeräten erhöht und die Auswirkungen der Massenkräfte gering gehalten werden sollen, lassen sich die Massen, die ja durch die gegebene Aufgabe bestimmt sind, nicht verkleinern. Es bleibt hier aber noch der verheißungsvolle Weg die Beschleunigungen, die bekanntlich mit dem Quadrat der Geschwindigkeit anwachsen, so weit wie möglich herabzusetzen. Es ist allein schon für das einfache Gelenkviereck noch nicht gelungen, die Getriebelagen für die Extrembeschleunigungen oder sogar deren Beträge durch eindeutige geometrische Örter zu kennzeichnen. Auch ist noch nicht geklärt, unter welchen Voraussetzungen nur 2 oder gar 4 Extremwerte auftreten. Erfreulicherweise sind aber die Grenzen für die absolut erreichbaren kleinsten Beschleunigungen bekannt, nämlich bei konstanter Beschleunigung während der gesamten Bewegungsperiode. Das hierfür gültige Bewegungsgesetz ist die quadratische Parabel [2.4], die wegen der unvermeidlichen Beschleunigungssprünge aber nicht allgemein empfohlen werden kann. Immerhin ist sie als Bezugsgröße wertvoll. Damit ist es gelungen, den "Beschleunigungsgrad" zu definieren, dessen Bezugswert "1" für die quadratische Parabel gilt [2.5, 2.6].

Tabelle 2.3 Eingangs- und Ergebniswerte aus der Berechnung des Gelenkvierecks nach Bild 2.4

XEQ 30

↓

```
VIER-WINKEL
ZUORDNUNG
PHI*
        15.50000000   φ* = R07
PHI:12,13,14,15
        54.00000000   φ12 = R08
        90.00000000   φ13 = R09
        124.0000000   φ14 = R10
        180.0000000   φ15 = R11
PSI:12,13,14,15
        8.263840000   ψ12 = R12
        19.77660000   ψ13 = R13
        31.46973000   ψ14 = R14
        40.00000000   ψ15 = R15
D,D-PHI
        100.0000000   d = R05
        1.000000000   Δφ = R01
A*,D-A,A-MAX
        1.500000000   a* = R29
        1.500000000   Δa = R00
        28.00000000   amax = R30
PHI:16,17
        0.000000000   φ16 = R49
        40.00000000   φ17 = R50
-.-.-.-.-.
```

```
======
PHI*,PSI*,A,BD
        15.50000000   φ* = R07
        97.28575971   ψ* = R47
        8.984400000   a = R02
        0.463710372   B = R39
A,B,C,D,S
        8.984400000   a = R02
        91.26374563   b = R03
        27.19095915   c = R04
        100.0000000   d = R05
        1.000000000   s = R06
MUE:1-2-3-4-5
        81.66763025
        94.42611291
        107.5007625
        118.6376621
        123.5624743
MUE:6-7
        81.66763025
        89.93692022
MUE:I-A
        80.90437068
        124.4726959
======
```

Liegt z.B. ein Gelenkviereck nach Bild 2.4 vor, das als Kurbelschwinge mit umlaufender Antriebskurbel a und hin und her schwingendem Abtriebs-c verwendet wird, so ist der Kurbelwinkel φ_0 zu definieren, den die Kurbel a durchläuft, wenn die Schwinge c gleichläufig mit a von einer Totlage B_0B_i bis zur anderen Totlage B_0B_a um den Schwingwinkel ψ_0 dreht, so gilt für den Beschleunigungsgrad des Gleichlaufes:

$$\delta_{\alpha I} = \frac{\alpha_{Imax} \cdot \varphi_0^2 \cdot \pi}{\psi_0 \cdot 720} \qquad (1)$$

und für den Gegenlauf:

$$\delta_{\alpha II} = \frac{\alpha_{IImax} \cdot (360 - \varphi_0)^2 \cdot \pi}{\psi_0 \cdot 720} \qquad (2)$$

Für die Übergangsgesetze wurden "normierte" Größen eingeführt, d.h. der Antriebsteil und der Abtriebsteil wurden beide = 1 gesetzt. Jedem Teilbetrag z des Antriebes ist ein Teilbetrag f des Abtriebes zugeordnet:

$$0 < z < 0{,}5: \quad 2z^2 = f \tag{3}$$

$$0{,}5 < z < 1: \quad 1- 2(z-1)^2 = f \tag{4}$$

Wenn für Hin- und Rückgang eines Gelenkvierecks an der Antriebskurbel $\varphi_0 = 180^o = 1$ gesetzt wird, ergeben sich für $z = 0{,}3;\ 0{,}5;\ 0{,}7;\ 1$ die φ-Winkelwerte $\varphi = 54^o;\ 90^o;\ 124^o;\ 180^o$. Bei einem gegebenen Schwingwinkel als Abtriebsbetrag $\psi_0 = 40^o$ ergeben sich für den als Abtriebsglied wirkenden Hebel c jeweils $\psi = f \cdot \psi_0$ nach Gln. (3) und (4): $\psi = 7{,}2^o;\ 20^o;\ 32{,}8;\ 40^o$. Mit diesen Werten wurde versucht, ein beschleunigungsgünstiges Gelenkviereck, also ein solches mit möglichst kleinem δ_α zu berechnen. Durch vielfache Iterationen wurden aber die nach T a b e l l e 2.3 eingesetzten, günstigeren Werte ψ_{12} bis ψ_{15} gefunden. Und hierfür ergaben sich dann die mit der Rest-Differenz B = 0,4637... gefundenen Abmessungen und die überaus bemerkenswert guten Übertragungswinkel, von den hier lediglich μ_i und μ_a als Extremwerte betrachtet zu werden brauchen.

Die Nachrechnung dieses Gelenkvierecks mit bekannten Programmen 2.7 führt zunächst zu geringen Abweichungen. Der Kurbelwinkel ändert sich von $\varphi_0 = 180^o$ auf $\varphi_0 = 177{,}4471^o$, der Schwingwinkel von $\psi_0 = 40^o$ auf $\psi_0 = 39{,}5942^o$. Der Beschleunigungsgrad errechnet sich auf den Gleichlauf zu $\delta_{\alpha I} = 1{,}2773$ und für den Gegenlauf zu $\delta_{\alpha II} = 1{,}3519$. Dies ist ein beachtenswertes Ergebnis, wenn man als Vergleich die harmonische Bewegung (Sinusgesetz) mit $\delta_\alpha = 1{,}248$ heranzieht! Hinzu kommt noch, daß das Getriebe ja nur für den Gleichlauf berechnet wurde und daß für den Gegenlauf ein nahezu gleich gutes Ergebnis zustande kommt!

Das beschleunigungsgünstige Gelenkviereck ist im Bild 2.4 dargestellt. Es hat, da $\psi_m > \psi_c$, den Bereichs-Kennwert s = +1. Im Bewegungs-Diagramm, Bild 2.5, ist ersichtlich, daß zwei Extrem-Beschleunigungswerte α/ω^2 (auf das Quadrat der Winkelgeschwindigkeit bezogen) in den beiden Totlagen auftreten, wenn also das Übersetzungsverhältnis i = 0 ist. Es ergeben sich bei $\varphi_T = 15{,}6074^0$ (φ = Winkel zwischen Kurbel a und Gestell d) $\alpha/\omega^2 = 0{,}3681$ und bei $\varphi_T = 193{,}0545^0$ der Betrag $\alpha/\omega^2 = 0{,}3591$. Zum Vergleich ist im Bild 2.5 der Beschleunigungsverlauf nach der quadratischen Parabel mit den konstanten Beschleunigungen aufgeführt.

Das Gelenkviereck nach Bild 2.4 hat verhältnismäßig großen Raumbedarf, bezogen auf das Verhältnis a/d = 0,0898. Außer dem hier verwendeten Programm kann man auch versuchen, mit anderen Suchmethoden [2.6] zum Ziele zu kommen.

Die Fähigkeiten des einfachen Gelenkvierecks werden bei der Erzeugung von Schwingbewegungen wesentlich herabgesetzt, wenn ein langsamer Hin- und ein schneller Rückgang verlangt wird. Solche Arbeitsgänge werden oft verlangt, wenn für die gesamte Bewegungsperiode, nämlich für eine Umdrehung der Antriebskurbel, nur eine bestimmte Zeit zur Verfügung steht und diese für den eigentlichen Arbeitsgang so weit wie möglich auszunutzen ist, während der Rückgang, meist als Leergang anzusehen, in wesentlich kürzerer Zeit bewältigt werden kann.

In kinematischer Hinsicht bedeutet dies, die Kurbelwinkelanteile für Hin- und Rückgang, z.B. für Gleich- und Gegenlauf zwischen An- und Abtriebsglied mit möglichst großem Unterschied vorzusehen, bzw. bei dynamischer Betrachtung, die Massenkräfte für die Förderung eines Werkstückes etwa gleich groß zu halten mit dem Rückgang des Getriebes ohne die Masse des Werkstückes.

Nimmt man als noch zulässigen Kleinst-Übertragungswinkel $\mu_{min} = 30^0$ an, so gibt es mit dem Schwingwinkel $\psi_0 = 40^0$ einen Kurbelwinkel von $\varphi_0 = 220^0$ und für den Rückgang seinen Ergänzungswinkel $360^0 - \varphi_0 = 140^0$ [2.6].

Im B i l d 2.6 ist dieses Gelenkviereck als Erstgetriebe einer Serienanordnung dargestellt mit den Gliedlängen $a_I = 17{,}101$; $b_I = 33{,}8746$; $c_I = 57{,}9228$; $d_I = 50$ und $\varphi_0 = 220^0$, Anfangswinkel $\varphi^* = 70^0$. Die bezogene Winkelbeschleunigung für dieses Gelenkviereck allein [2.7] führt nach den Gln. (1) und (2) zu den Beschleunigungsgraden $\delta_{\alpha I} = 2{,}89$ und $\delta_{\alpha II} = 1{,}37$. Will man die sehr ungünstige Beschleunigung im Bereich $\varphi_0 = 220^0$ herabsetzen, so kann man z.B. nach Bild 2.6 ein zweites Gelenkviereck nachschalten und dieses mit dem hier vorliegenden Programm systemgerecht berechnen. Dies soll in Ergänzung zu den Rechnungen an anderer Stelle [1.1] beschrieben werden. Zwischen den Differenzwinkeln φ_I der Antriebskurbel a_I und dem Abtriebsglied c des Zweit-Gelenkvierecks soll das Gesetz der quadratischen Parabel für die Werte z = 0,25; 0,5; 0,75; 1 nach den Gln. (3) und (4) realisiert werden. Dafür ergeben sich: f-Werte in T a b e l l e 2.4 . Das Erst-Gelenkviereck erzeugt zwischen den Totlagenwinkeln $\varphi_I^* = 70^0$ und $\varphi_I^* + \varphi_0 = 70^0 + 220^0 = 290^0$ den Schwingwinkel $\psi_0 = 40^0$. Der Kurbelwinkel φ_0 muß also nach den z-Werten in die unter φ_I

Tabelle 2.4 Zusammenstellung der Eingangswerte für die Berechnung des Zweit-Gelenkvierecks nach Bild 2.6

z	φ_I	f	$\Delta\psi_I$ =	ψ
0	70	0	0	0
0,25	125	0,125	9,7985	5
0,5	180	0,5	25,4704	20
0,75	235	0,875	36,1627	35
1	290	1	40	40

Tabelle 2.5 Eingangswerte und Rechenergebnisse für die Bestimmung des Zweit-Gelenkvierecks nach Bild 2.6. Speicher-Aufteilungen nach den Tabellen 2.2 und 2.3

XEQ 30

```
VIER-WINKEL
ZUORDNUNG
PHI*
        20.00000000
PHI:12,13,14,15
        9.798512800
        25.47044400
        36.16274810
        40.00000000
PSI:12,13,14,15
        5.000000000
        20.00000000
        35.00000000
        40.00000000
D,D-PHI
        50.00000000
        10.00000000
A*,D-A,A-MAX
        5.000000000
        3.000000000
        100.0000000
PHI:16,17
        9.798512800
        40.00000000
-.-.-.-.-.
```

```
======
PHI*,PSI*,A,BD
        20.00000000
        70.74143730
        15.50510000
        6.647579299
A,B,C,D,S
        15.50510000
        38.81036396
        9.674465197
        50.00000000
        1.000000000
MUE:1-2-3-4-5
        65.07795224
        74.16315224
        94.06489888
        111.6615560
        119.1091935
MUE:6-7
        74.16315224
        119.1091935
MUE:I-A
        56.91345825
       -3.583617827
======
```

angegebenen Winkel unterteilt werden, und für diese sind nach einem Programm für Funktions-Gelenkvierecke [2.7] die Differenzbeträge $\Delta\psi_I$ am Abtriebsglied c_I zu berechnen, die für das Zweit-Gelenkviereck die Eingangswerte φ darstellen. Für das End-Abtriebsglied c soll der gleiche Schwingwinkel $\psi_0 = 40^0$ gegeben sein, dann ergeben sich nach Tabelle 2.4 die ψ-Werte mit jeweils $\psi = f \cdot \psi_0$.

Die φ- und die ψ-Eingangswerte sind in T a b e l l e 2.5 wieder zu erkennen, die das Rechenergebnis für das Zweit-Gelenkviereck zeigt. Die berechneten Gelenkviereck-Abmessungen a, b, c, d und der Bereichswert s = +1 kommen für den Strahl $\varphi^* = 20^0$ zustande. Wenn die Gestellgeraden d_I und d in derselben Flucht liegen, errechnet sich der Verbindungswinkel ε

am Zwischenglied c_I-a aus der Differenz von $\varphi^* = 20^0$ und dem ψ_I-Winkel ($124{,}2094^0$), den c_I in der Bezugslage ($\varphi^* = 70^0$) einnimmt. Man kann die Glieder d_I und d beliebig zueinander verdrehen, dann muß man aber auch ε mit diesem Verdrehwinkel ändern. Die Übertragungswinkel μ(MUE) nach Tabelle 2.5 sind als außerordentlich günstig anzusehen. Die Winkel μ_i und μ_a brauchen nicht berücksichtigt zu werden, da das Zweit-Gelenkviereck nicht durch die a-d-Deck- oder Strecklage läuft.

Nun wird das sechsgliedrige Getriebe, Bild 2.6, mit einem Analyse-Programm nachgerechnet, und dabei ergibt sich der Beschleunigungsverlauf nach Bild 2.7 im Vergleich zu demjenigen α'/ω^2 nach dem Gesetz der quadratischen Parabel. Die Beschleunigungsgerade findet man nach den Gln. (2.1) und (2.2) zu $\delta_{\alpha I} = 1{,}536$ und $\delta_{\alpha II} = 1{,}692$. Gegenüber den Werten des Erst-Gelenkvierecks allein hat sich also $\delta_{\alpha I}$ wesentlich verbessert (von 2,89 auf 1,536), $\delta_{\alpha II}$ dagegen aber geringfügig verschlechtert (von 1,37 auf 1,692). Wenn man hier nach einem besseren Ausgleich sucht, bleibt immer noch das Abtasten des Gesamt-Lösungsfeldes (φ^* von 0^0 bis 360^0) offen.

2.4 GETRIEBE FÜR STOSS- UND SCHWINGUNGSFREIES ANFAHREN MIT STARK VERKÜRZTEN FÖRDERZEITEN

Wenn mit verhältnismäßig großen Massen behaftete Werkstücke in möglichst kurzen Zeiten von einer Aufnahmestation in eine Bearbeitungsstation zu fördern sind und dabei Stöße und unliebsame Schwingungen beim Anfahren so weit wie möglich zu reduzieren bzw. überhaupt zu vermeiden sind, kann der Fördervorgang mit großen Beschleunigungen eingeleitet werden. Am Ende soll aber die Annäherung, das Anfahren so "sanft" wie möglich abgeschlossen werden. Zu Beginn braucht dabei keine besondere Rücksicht auf die Größe und auf den Verlauf der Beschleunigung genommen zu werden. Dafür kommt es aber darauf an, am Ende die Beschleunigung nicht nur so klein wie möglich, sondern deren Verlauf "verzögerungsgünstig" zu erhalten.

Für geringe Ansprüche kann hierfür schon das einfache Gelenkviereck empfohlen werden, wenn das Anfahren vor der Totlage mit Kurbel-Koppel-Decklage vorgesehen wird. Außerdem sollte die Koppel b nicht sehr viel länger als die Kurbel a sein, vor allem darf der kleinste zulässige Übertragungswinkel nicht unterschritten werden. Diese Forderungen lassen sich leicht mit Gelenkvierecken erfüllen, bei denen in beiden kritischen Lagen die Abweichungen der beiden Extrem-Übertragungswinkel von 90^0 gleich groß sind. Das sind aber "zentrische" Kurbelschwingen mit gleichgroßen Kurbelwinkeln (180^0) für Hin- und Rückgang. Für die folgenden Gleichungen kann man die Gestelllänge d, die Schwingenlänge c und den Kleinst-Übertragungswinkel μ_{min} vorschreiben:

$$\sqrt{\frac{c^2 - d^2}{1 - \left(\frac{d}{c \cdot \cos\mu_{min}}\right)^2}} = a \qquad (5)$$

$$\sqrt{a^2 + d^2 - c^2} = b \qquad (6)$$

Für das folgende Zahlenbeispiel sollen gegeben sein: d = 50; c = 49; $\mu_{min} = 30^0$, und dafür ergeben sich:

a = 15,96717 und b = 18,81358. Das "sanfte" Anfahrverhalten dieser Kurbelschwinge soll nun noch durch ein nachgeschaltetes Gelenkviereck verstärkt werden. Im B i l d 2.8 ist das oben berechnete Erst-Gelenkviereck mit seinen Maßen a_I, b_I, c_I, d_I zu erkennen. Es hat bei $\varphi_I = 67,89708$ (Winkel zwischen Kurbel a_I und Gestell d_I) und bei $\varphi_I' = \varphi_I + 180^0 = 247,89708^0$ seine beiden Totlagen und erzeugt einen Schwingwinkel $\psi_0 = 38,0355^0$ [2.7].

Nun soll noch eine willkommene Möglichkeit des hier allseitig benutzten Winkelzuordnung-Programms ausgenutzt werden, das ja für 5 Lagen (mit 4 dazwischenliegenden Winkeln) ausgelegt ist. Um die Ergebnis-Auswahlmöglichkeiten wesentlich zu vergrößern, kann man es für nur 4 gegebene Lagen einsetzen. Es arbeitet in derselben Weise wie bisher, wenn man zwei φ- und zwei ψ-Winkel einander gleich setzt, wie in T a b e l l e 2.6 die Winkel $\varphi_{13} = \varphi_{14}$ und $\psi_{13} = \psi_{14}$.

Tabelle 2.6 Eingangswerte und Rechenergebnisse für die Bestimmung des Zweit-Gelenkvierecks nach Bild 2.8: sanftes Werkstück-Anfahren. Speicher-Aufteilungen nach den Tabellen 2.2 und 2.3

XEQ 30

↓

```
VIER-WINKEL
ZUORDNUNG
PHI*
        46.00000000
PHI:12,13,14,15
        0.318649600
        0.480995300
        0.480995300
        0.529404000
PSI:12,13,14,15
        0.154300000
        0.232000000
        0.232000000
        0.255000000
D,D-PHI
        30.00000000
        2.000000000
A*,D-A,A-MAX
        30.00000000
        5.000000000
        100.0000000
PHI:16,17
        0.000000000
        0.000000000
-.-.-.-.-.
```

```
======
PHI*,PSI*,A,BD
        46.00000000
        137.7373547
        45.52720000
        3.655218856
A,B,C,D,S
        45.52720000
        26.82519181
        29.65149266
        30.00000000
        -1.000000000
MUE:1-2-3-4-5
        70.78240312
        71.19981692
        71.41293549
        71.41293549
        71.47654320
MUE:6-7
        70.78240312
        70.78240312
MUE:I-A
        31.40916026
        -2.580789534
======
```

Als Bezugslage "1" soll für das Gesamtgetriebe die Lage φ_I = 217,49708 eingesetzt werden, d.h. für 30° vor der Totlage φ_I' soll der sanfte Anfahrvorgang beginnen. Für die Winkel $\varphi_I + 10^o + 20^o + 30^o$ sind zunächst die Differenzwinkel am Antriebshebel c_I zu berechnen, die ja für das zu berechnende Zweit-Gelenkviereck als Eingangswinkel φ_{12}, $\varphi_{13} = \varphi_{14}$, φ_{15}, eingetragen in Tabelle 2.6, gelten. In Anlehnung an das Gesetz der 5. Potenz [2.4] sind mit einigen Korrekturen zur Erzielung sehr günstiger Übertragungswinkel die Winkel ψ_{12}, $\psi_{13} = \psi_{14}$, ψ_{15} nach Tabelle 2.6 ausgewählt worden. Damit findet man die ausgedruckten Abmessungen und insbesondere die tatsächlich erreichten günstigen Übertragungswinkel. Der Verbindungswinkel zwischen den beiden Gelenkvierecken ist bei $\varphi^* = 46^o$ nach

Tabelle 2.6 mit $\varepsilon = -130{,}3854^0$ bestimmt. Die "Annäherungswinkel" im Gesamtgetriebe sind gegenüber denjenigen im Erstgetriebe etwa auf den halben Betrag reduziert worden. Der Schwingwinkel im Gesamtgetriebe ergibt sich durch Nachrechnung [2.7] zu $\psi_0 = 50{,}06^0$.

Das im Bild 2.8 dargestellte Getriebe läßt auch z.B. den Bereichswert s = -1 erkennen: das Abtriebsglied c wird von a über b "geschoben", es ist $\psi_m < \psi_c$ (Eintragungen nach Bild 2.1). Das "anzufahrende" Werkstück ist am Hebel c, nach beiden Seiten verspannt, befestigt. Auf Einzelheiten bei der Aufnahme und bei der Abgabe wurde nicht eingegangen. Die Übertragungsfunktionen des Gesamtgetriebes sind im Bild 2.9 dargestellt. Vor der Berührungsstelle mit $\varphi = 247{,}89708^0$ sind die sanften Übergänge nicht nur am Winkel ψ, sondern auch am Übersetzungsverhältnis i und an der bezogenen Beschleunigung α/ω^2 zu beachten. Dieses Beispiel soll vor allem Anregungen zu weiteren Untersuchungen in dieser Richtung, alles zum Zwecke der Erhöhung der Arbeitsgeschwindigkeit, geben.

2.5 GETRIEBE MIT ZEITWEISE KONSTANTER ABTRIEBSGESCHWINDIGKEIT

Das Gelenkviereck allein ist nicht in der Lage, für ein hin und her schwingendes Abtriebsglied eine zeitweise, auch nur angenäherte konstante Abtriebsgeschwindigkeit zu erzeugen. Dies gelingt aber schon mit sechsgliedrigen Getrieben und hier mit einer vierpunktigen Übereinstimmung, d.h. in vier unendlich oder endlich benachbarten Getriebelagen kann der Betrag desselben Übersetzungsverhältnisses erreicht werden. Man kann auch bei dieser Aufgabe, wenn sie mit einem Seriengetriebe gelöst werden soll, ein Erst-Gelenkviereck annehmen. Es soll ein solches mit einem Kurbelwinkel $\varphi_0 = 220^0$ und einem Schwingwinkel $\psi_0 = 40^0$ angenommen werden. Mit $\mu_{min} = 30^0$ hat es für diese beiden Totlagenwinkel die höchste Übertragungsgüte [2.6] mit den Maßen $a_I = 17{,}101$; $b_I = 33{,}87468$; $c_I = 57{,}9228$; $d_I = 50$.

Da nun bekannt ist, daß es nur 4 Übereinstimmungen geben kann, also nur eine Dreiwinkel-Zuordnung erfüllbar ist, erweist es sich auch hier als zweckmäßig, das Winkelzuordnungs-Programm in verkürzter Form anzuwenden. Das Erst-Gelenkviereck hat seine beiden Totlagen bei $\varphi_I^* = 70^0$ und bei $\varphi_I^{**} = 290^0$ ($\varphi_0 = 220^0$). Zunächst willkürlich, was in erster Betrachtung als willkommene Entwurfsfreiheit gewertet werden kann, sollen die Winkel $\varphi_I = 150^0$; 170^0; 190^0; 210^0 angenommen werden, für die dann im Gesamtgetriebe am Abtriebsglied ebenfalls gleichgroße Winkeldifferenzen erreicht werden sollen. Die im Erst-Getriebe zu diesen φ-Winkeln errechneten Abtriebswinkel sind in Tabelle 2.7 als die Winkel φ_{12}, $\varphi_{13} = \varphi_{14}$, φ_{15} im Eingangsteil aufgenommen worden.

Nun folgt eine weitere wichtige Feststellung, nämlich die aus vielfachen Untersuchungen, theoretisch aber noch nicht verhärtete Tatsache, daß ein befriedigendes, angenähert konstantes Übersetzungsverhältnis nur mit negativem Vorzeichen erhalten werden kann. Deshalb sind in Tabelle 2.7 die Winkel $\psi_{12} = -6.666..^0$; $\psi_{13} = \psi_{14} = -13{,}333..^0$, $\psi_{15} = -20^0$ eingesetzt worden, die das Übersetzungsverhältnis $i_0 = -0{,}333..$ bestimmen. Für $\varphi^* = -30^0$ des Zweit-Gelenkvierecks findet man dann die Ergebniswerte der Tabelle 2.7. Als Verbindungswinkel ergibt sich $\varepsilon = 188{,}6672^0$. Das Gesamtgetriebe ist im Bild 2.10 dargestellt. Getriebe mit solchen Eigenschaften werden z.B. für Wickelvorgänge, zur Herstellung von Verbindungs- oder Trenn-Nähten mit Umwandlung der Abtriebs-Kreisbewegung in eine geradlinige Bewegung durch Ritzel und Zahnstange, verwendet. Im Bild 2.10 ist eine Bearbeitungsstation mit gleichmäßig rotierendem Werkstück kenntlich gemacht, und für diese soll z.B. ein Druck- oder Etikettiervorgang durch die Relativgeschwindigkeit "0" ermöglicht werden.

Das Übersetzungsverhältnis im Gesamtgetriebe $i_0 = \omega_c/\omega_{aI}$ und die bezogene Gesamtbeschleunigung α_c/ω_{aI}^2 sind in ihrem Verlauf im Bild 2.11 zu erkennen. Im Konstanzbereich schwankt die Beschleunigung um ihren Nullwert. Bild 2.12 zeigt das Übersetzungsverhältnis in stark verzerrtem Maßstab im Konstanzbereich. Die Kurve wird von einer zur Abszisse parallelen Ge-

Tabelle 2.7 Eingangswerte und Rechenergebnisse für ein Getriebe mit zeitweise konstanter Abtriebsgeschwindigkeit nach Bild 2.10. Speicher-Aufteilungen nach den Tabellen 2.2 und 2.3

```
VIER-WINKEL
ZUORDNUNG
PHI*
     -30.00000000
PHI:12,13,14,15
      5.706913000
      10.79453300
      10.79453300
      15.03148200
PSI:12,13,14,15
     -6.666666666
     -13.33333333
     -13.33333333
     -20.00000000
D,D-PHI
      50.00000000
      10.00000000
A*,D-A,A-MAX
      5.000000000
      5.000000000
      70.00000000
PHI:16,17
     -17.12330000
      22.87667000
-.-.-.-.-.
```

```
======
PHI*,PSI*,A,BD
     -30.00000000
     -172.3814748
      41.29310000
      0.000326183
A,B,C,D,S
      41.29310000
      19.35783226
      22.29482600
      50.00000000
      1.000000000
MUE:1-2-3-4-5
      73.66595753
      60.09522880
      49.01101377
      49.01101377
      40.55032398
MUE:6-7
      127.3495565
      27.71893206
MUE:I-A
      22.75536238
     -8.645736347
======
```

raden viermal geschnitten, womit die erwähnte Vierpunkte-Obereinstimmung gekennzeichnet ist. Es wäre erwünscht, daß die Ordinaten der beiden Minimumwerte gleichgroß sind. Um dies zu erreichen, könnte man z.B. die Winkellagen für die vorzugebenden Genaupunkte dort dichter aneinander rücken, wo die größten Abweichungen sind, was nach Bild 2.12 in der Nähe $\varphi \sim 130^0$ eintritt. Bei allen Untersuchungen mit sich ändernden Eingangswerten muß aber immer wieder befürchtet werden, daß die End-Gliedlagen des Abtriebgliedes mit geringerer Obertragungsgüte oder auch gar nicht erreicht werden. Deshalb sollen gezielte Untersuchungen auf später verschoben werden.

Nach Bild 2.12 kommt, wie Nachrechnungen ergeben, das größte Minimum bei $\varphi \sim 130^0$ mit $i_0 = -0{,}33284$ und das einmalige Maximum bei $\varphi \sim 170^0$ mit $i_0 = -0{,}33728$ zustande. Vorgeschrieben war das Obersetzungsverhältnis $i_0 = -0{,}333..$, als Mittelwert ergibt sich nun aber i_0 = -0,335, von dem die Abweichungen $\pm\delta = \pm 0{,}0022$ gleichgroß sind. Mit i_0 = -0,335 = 100 % findet man die prozentuale Abweichung $\delta_{\%} = \pm 0{,}663$ %. Die Grenzen des Konstanzbereiches [2.8] sind durch die mit dem i_0-Maximum gleiche i_0-Ordinate gegeben, womit auch die im Winkelmaß ausgedrückte Dauer der Konstanz mit $\varphi_k = 90^0$ zustande kommt. Im Vergleich zu den bisher spärlich angestellten Untersuchungen [2.9] sind die hier erzielten Ergebnisse als verhältnismäßig gut zu bezeichnen [2.10].

Getriebe nach Bild 2.8, wie die meisten ungleichmäßig übersetzenden Getriebe, erfüllen hohe Lagensicherungs-Anforderungen, Sie sind deshalb gut als Positioniergetriebe geeignet, zumal auch vielfältige Justiermöglichkeiten gegeben sind. Im Vergleich hierzu interessieren die nichtmechanischen, wie z.B. elektrischen Lösungen für dieselben Aufgaben [2.11].

In dem Bereich des konstanten Übersetzungsverhältnisses kann man eine Parallelführung mit allen ihren praktischen Einsatzmöglichkeiten erzwingen. B i l d 2.13 zeigt das Getriebe des Bildes 2.10 mit seinen Grund-Abmessungen. Im Konstanzbereich mit i_0 = -0,333 ergänzt man das Getriebe, Bild 2.13, durch ein Zahnradpaar mit demselben Übersetzungsverhältnis, so daß sich zwei gleichlange Hebel $D_0D = B_0C = r$ im Konstanzbereich parallel zueinander bewegen, d.h. die Entfernung DC bleibt konstant, und jeder beliebig angelenkte Zweischlag mit allen zugehörigen Punkten muß sich in Kreisbögen mit dem Radius r bewegen. Das Rad R_2 macht 1/3 Umdrehung bei einer vollen Umdrehung der Kurbel $A_{0I}A_I = a_I$, und die Schwingperiode des Gliedes B_0C ist drei verschiedenen Teildrehungen des Gliedes D_0D zugeordnet. Dadurch erzeugt das Verbindungsgelenk E des Zweischlages e-f eine Bahnkurve k. Der angenommene, mit dem Glied f verbundene Behälter W bewegt sich z.B. mit einer Flüssigkeitsfüllung zeitweise parallel, für den Behälterboden sind einige Zwischenlagen außerhalb der Parallelbewegung eingezeichnet. Es leuchtet ein, daß für solche Zwischenlagen außerordentlich viele unterschiedliche Variationen in Abhängigkeit von der Zweischlag-Anordnung möglich sind.

3 Führungsgetriebe für die Handhabungstechnik

Die ungleichmäßig übersetzenden Getriebe sind in der Lage, Koppelpunkte auf bestimmten Bahnen mit verhältnismäßig hoher Genauigkeit zu führen, wie dies z.B. in der Handhabungstechnik in Arbeitsgängen wie Übergabe-, Bearbeitungs-, Spann- und Montage-Aufgaben gefordert werden muß. Bei Gelenkgetrieben mit ihren zur Aufnahme und zur Übertragung großer Kräfte geeigneten Dreh- und Schubgelenken können allerdings vorgeschriebene Bahnkurven nur mit mehr oder weniger guter Annäherung erzeugt werden. Die wichtigste Aufgabe besteht für diese Getriebe somit darin, diese Annäherungen so genau wie möglich zu erzielen, und deshalb werden Rechenprogramme verwendet, deren Möglichkeiten über das mit klassischen Methoden erreichbare Maß hinausgehen.

Mit Punktlagenreduktionen [3.1] gelingt es, 5 und sogar 6 "Genaupunkte" auf einer gegebenen Bahn exakt von dem Koppelpunkt eines Gelenkvierecks durchlaufen zu lassen. Das hierfür im folgenden verwendete Rechenprogramm besteht aus einem Vor- und einem Hauptprogramm, mit deren beider Hilfe eine graphische Methode der Punktlagenreduktionen rechnerisch nachvollzogen wird. Es sollte aber bekannt sein, daß es bei Getriebekonstruktionen nicht genügen kann, lediglich Algorithmen für Strukturberechnungen aufzustellen. Vielmehr ist es genau so wichtig, auch zusätzliche Bedingungen, die den einwandfreien Lauf und damit den Einsatz der Gelenkgetriebe bestimmen, zu erfüllen, was aber nahezu in allen Fällen lediglich mit Hilfe von Nachrechnungen bewerkstelligt werden kann.

Mit modernen, programmierbaren Rechnern bereitet es keine Schwierigkeiten, alle solche Forderungen in automatisch ablaufenden Programmen unterzubringen, wobei insbesondere Verzweigungen mit Hilfe von IF-Schranken große Dienste leisten können, wenn nämlich nach dem Programm z.B. zu entscheiden ist, ob eine Rechnung wegen unzureichender Ergebnisse abgebrochen werden soll und mit vorgeschriebenen Schrittweiten weiterzuführen ist.

Da bei Getriebekonstruktionen aber immer, was z.B. durch mehrere Schnittpunkte geometrischer Kurven - wie Kreis und Gerade - bedingt ist, auch verschiedene Lösungen zustande kommen können, sollte der Rechner die Alternativen und entsprechende Entscheidungshilfen kenntlich machen, um auf einfache Art auf eine Weiterrechnung oder gar den Abbruch der Rechnung zum Zwecke des Neubeginns mit geänderten und angepaßten Eingangswerten hinzuweisen.

3.1 HANDHABUNGS-BEISPIEL ZUR EINFÜHRUNG IN DIE PROGRAMM-BENUTZUNG DER KOPPELKURVEN-SYNTHESE

Nach B i l d 3.1 soll ein Werkstück auf einer waagerechten Unterlage um eine gegebene Strecke verschoben werden. Dabei muß auf die Höhe des Werkstückes insofern Rücksicht genommen werden, als eine für den Verschiebevorgang verwendete Rolle auf ihrer dem Arbeitsgang angepaßten Bahnkurve k_E über ein nächstes, seitlich herangeführtes Werkstück hinwegbewegt werden muß.

Man kann die Bahnkurve k_E mit einigen Entwurfsfreiheiten festlegen und deshalb fünf E-Punkte nach enger begrenzten Vorschriften auswählen, z.B. die Punkte E_1 und E_2 so, daß sie sich der vertikalen Werkstückkante unter einem Winkel wenig unter 90^0 nähern, die Punkte E_3 und E_4 in möglichst geringer Höhe über der Verschiebefläche auf einer Geraden wandern und schließlich E_5 seine Lage, wie oben erwähnt, einnimmt.

Die Aufgabe besteht darin, ein Gelenkviereck nach Bild 3.1 so zu berechnen, daß ein Koppelpunkt E die fünf vorgeschriebenen E-Punkte durchläuft, von dem stetigen Verlauf der Bahnkurve k_E möglichst wenig abweicht, mit seinen Gelenkpunkten in einem annehmbaren Rahmen bleibt und schließlich von einer im Gestellpunkt A_0 gelagerten Kurbel $A_0A = a$ umlaufend mit befriedigender Übertragungsgüte angetrieben werden kann. Die selbstverständlich aufzustellende Forderung, daß die fünf E-Punkte in der angegebenen Reihenfolge, die der Reihenfolge der fünf A-Punkte entsprechen muß, durchlaufen werden müssen, führt in bestimmten Fällen zu großen und manchmal unüberwindlichen Schwierigkeiten.

Das grundlegende Merkmal der Punktlagenreduktionen besteht darin, eine Anzahl von Konstruktionspunkten zusammenfallen zu lassen und die eigentlichen zur Rechnung heranzuziehenden Punkte so weit zu reduzieren, daß am Ende jeweils nur ein Kreis durch drei Punkte erfüllt werden kann. Bei der im Bild 3.1 beschriebenen Aufgabenstellung kommen fünf unterschiedliche Reduktionen zustande, wenn die die ganze Berechnung ermöglichende Vorarbeit geleistet wird, je zwei Paar der fünf E-Punkte so auszusuchen, daß ein Paar im Bahndurchlauf das andere einschließt. Im Bild 3.2 schließen $E_1 - E_4$ die Punkte $E_2 - E_3$ ein. Die Mittelsenkrechten g_{14} von E_1E_4 und g_{23} von E_2E_3 schneiden sich im Punkt $B_{0(14-23)}$, und dieser kennzeichnet eine Reduktion der vier Punkte E_1 bis E_4 auf deren nun noch zwei, wie im folgenden ersichtlich sein wird. Außer 14-23 gibt es noch die Paarungen 15-23, 15-24, 15-34, 25-34 als Schnittpunkte der entsprechenden Mittelsenkrechten.

3.2 VORPROGRAMM ZU "5-PUNKTE-SYNTHESE"

Für die Berechnungen der fünf B_0-Punkte gilt das Vorprogramm, Tabelle 3.1. Man kann zur Orientierung der E-Punkte ein beliebiges Koordinatensystem annehmen. Wählt man, wie im Bild 3.2, die beiden Lagen E_3 und E_4 parallel zur Abszisse, so sollte man eine der beiden die Parallelität bestimmenden Ordinaten y_{E3} und y_{E4} nicht mit der runden Zahl 4, sondern mit einer Genauigkeit nur sehr geringfügig beeinflussenden Größe $y_{E4} = 4,00001$ eingeben.

Tabelle 3.1 Vorprogramm zum Hauptprogramm „5-Punkte-Synthese" zur Auswahl der Punktlage B_0 aus fünffacher Möglichkeit des Schnittpunktes zweier Mittelsenkrechten

Size 050

```
01♦LBL "HN13"
02♦LBL 40
03 RCL 30
04 RCL 31
05 +
06 2
07 /
08 STO 38
09 RCL 32
10 RCL 33
11 +
12 2
13 /
14 STO 39
15 RCL 34
16 RCL 35
17 +
18 2
19 /
20 STO 40
21 RCL 36
22 RCL 37
23 +
24 2
25 /
26 STO 41
27 RCL 33
28 RCL 32
29 -
30 ENTER↑
31 RCL 31
32 RCL 30
33 -
34 R-P
35 X<>Y
36 90
37 +
38 TAN
39 STO 28
40 RCL 37
41 RCL 36
42 -
43 ENTER↑
44 RCL 35
45 RCL 34
46 -
47 R-P
48 X<>Y
49 90
50 +
51 TAN
52 STO 29
53 RCL 28
54 RCL 38
55 *
56 RCL 29
57 RCL 40
58 *
59 -
60 RCL 41
61 +
62 RCL 39
63 -
64 RCL 28
65 RCL 29
66 -
67 /
68 STO 26
69 RCL 38
70 -
71 RCL 28
72 *
73 RCL 39
74 +
75 STO 27
76 RCL 32
77 RCL 27
78 -
79 ENTER↑
80 RCL 30
81 RCL 26
82 -
83 R-P
84 X<>Y
85 STO 17
86 RCL 33
87 RCL 27
88 -
89 ENTER↑
90 RCL 31
91 RCL 26
92 -
93 R-P
94 X<>Y
95 RCL 17
96 -
97 STO 17
98 RCL 37
99 RCL 27
100 -
101 ENTER↑
102 RCL 35
103 RCL 26
104 -
105 R-P
106 X<>Y
107 STO 18
108 RCL 36
109 RCL 27
110 -
111 ENTER↑
112 RCL 34
113 RCL 26
114 -
115 R-P
116 X<>Y
117 RCL 18
118 -
119 CHS
120 STO 18
121 RTN
122♦LBL 39
123 "XBO,YBO"
124 PRA
125 RCL 26
126 PRX
127 RCL 27
128 PRX
129 "PSI-TW-UY"
130 PRA
131 RCL 17
132 PRX
133 RCL 18
134 PRX
135 RTN
136♦LBL 41
137 "=========="
138 PRA
139 "M-S:14-23"
140 PRA
141 RCL 11
142 STO 30
143 RCL 21
144 STO 32
145 RCL 14
146 STO 31
147 RCL 24
148 STO 33
149 RCL 12
150 STO 34
151 RCL 22
152 STO 36
153 RCL 13
154 STO 35
155 RCL 23
156 STO 37
157 XEQ 40
158 XEQ 39
159 RCL 09
160 X=0?
161 RTN
162 XEQ 42
163♦LBL 42
164 "=========="
165 PRA
166 "M-S:15-23"
167 PRA
168 RCL 11
169 STO 30
170 RCL 21
171 STO 32
172 RCL 15
173 STO 31
174 RCL 25
175 STO 33
176 RCL 12
177 STO 34
178 RCL 22
179 STO 36
180 RCL 13
181 STO 35
182 RCL 23
183 STO 37
184 XEQ 40
185 XEQ 39
186 RCL 09
187 X=0?
188 RTN
189 XEQ 43
190♦LBL 43
191 "=========="
192 PRA
193 "M-S:15-24"
194 PRA
195 RCL 11
196 STO 30
197 RCL 21
198 STO 32
199 RCL 15
200 STO 31
201 RCL 25
202 STO 33
203 RCL 12
204 STO 34
205 RCL 22
206 STO 36
207 RCL 14
208 STO 35
209 RCL 24
210 STO 37
211 XEQ 40
212 XEQ 39
213 RCL 09
214 X=0?
215 RTN
216 XEQ 44
217♦LBL 44
218 "=========="
219 PRA
220 "M-S:15-34"
221 PRA
222 RCL 11
223 STO 30
224 RCL 21
225 STO 32
226 RCL 13
227 STO 34
228 RCL 23
229 STO 36
230 RCL 15
231 STO 31
232 RCL 25
233 STO 33
234 RCL 14
235 STO 35
236 RCL 24
237 STO 37
238 XEQ 40
239 XEQ 39
240 RCL 09
241 X=0?
242 RTN
243 XEQ 45
244♦LBL 45
245 "========="
246 PRA
247 "M-S:25-34"
248 PRA
249 RCL 12
250 STO 30
251 RCL 22
252 STO 32
253 RCL 13
254 STO 34
255 RCL 23
256 STO 36
257 RCL 15
258 STO 31
259 RCL 25
260 STO 33
261 RCL 14
262 STO 35
263 RCL 24
264 STO 37
265 XEQ 40
266 XEQ 39
267 RTN
268♦LBL 38
269 "=========="
270 PRA
```

Tabelle 3.1 (Fortsetzung)

```
271 "KOO.F.BO"
272 PRA
273 "X1,Y1,X2,Y2"
274 PRA
275 RCL 11
276 RCL 26
277 -
278 STO 11
279 PRX
280 RCL 21
281 RCL 27
282 -
283 STO 21
284 PRX
285 RCL 12
286 RCL 26
287 -
288 STO 12
289 PRX
290 RCL 22
291 RCL 27
292 -
293 STO 22
294 PRX
295 "X3,Y3,X4,Y4"
296 PRA
297 RCL 13
298 RCL 26
299 -
300 STO 13
301 PRX
302 RCL 23
303 RCL 27
304 -
305 STO 23
306 PRX
307 RCL 14
308 RCL 26
309 -
310 STO 14
311 PRX
312 RCL 24
313 RCL 27
314 -
315 STO 24
316 PRX
317 "X5,Y5"
318 PRA
319 RCL 15
320 RCL 26
321 -
322 STO 15
323 PRX
324 RCL 25
325 RCL 27
326 -
327 STO 25
328 PRX
329 STOP
330♦LBL 37
331 "=========="
332 PRA
333 "KOO-RUECK"
334 PRA
335 "X1,Y1,X2,Y2"
336 PRA
337 RCL 11
338 RCL 26
339 +
340 STO 11
341 PRX
342 RCL 21
343 RCL 27
344 +
345 STO 21
346 PRX
347 RCL 12
348 RCL 26
349 +
350 STO 12
351 PRX
352 RCL 22
353 RCL 27
354 +
355 STO 22
356 PRX
357 "X3,Y3,X4,Y4"
358 PRA
359 RCL 13
360 RCL 26
361 +
362 STO 13
363 PRX
364 RCL 23
365 RCL 27
366 +
367 STO 23
368 PRX
369 RCL 14
370 RCL 26
371 +
372 STO 14
373 PRX
374 RCL 24
375 RCL 27
376 +
377 STO 24
378 PRX
379 "X5,Y5"
380 PRA
381 RCL 15
382 RCL 26
383 +
384 STO 15
385 PRX
386 RCL 25
387 RCL 27
388 +
389 STO 25
390 PRX
391 STOP
392♦LBL 36
393 SF 12
394 "======"
395 PRA
396 "BO-EING."
397 PRA
398 CF 12
399 "X1,Y1,X2,Y2"
400 PRA
401 RCL 11
402 PRX
403 RCL 21
404 PRX
405 RCL 12
406 PRX
407 RCL 22
408 PRX
409 "X3,Y3,X4,Y4"
410 PRA
411 RCL 13
412 PRX
413 RCL 23
414 PRX
415 RCL 14
416 PRX
417 RCL 24
418 PRX
419 "X5,Y5"
420 PRA
421 RCL 15
422 PRX
423 RCL 25
424 PRX
425 RTN
426♦LBL 51
427 XEQ 36
428 XEQ 41
429 XEQ 38
430 ".........."
431 PRA
432 "A5 JENS.4"
433 PRA
434 "12"
435 XROM 28,07
436 STOP
437♦LBL 52
438 XEQ 36
439 XEQ 42
440 RCL 14
441 STO 15
442 RCL 24
443 STO 25
444 RCL 31
445 STO 14
446 RCL 33
447 STO 24
448 XEQ 38
449 ".........."
450 PRA
451 "A5 ZW.3/4"
452 PRA
453 "12"
454 XROM 28,07
455 STOP
456♦LBL 53
457 XEQ 36
458 XEQ 43
459 RCL 13
460 STO 15
461 RCL 23
462 STO 25
463 RCL 31
464 STO 14
465 RCL 33
466 STO 24
467 RCL 35
468 STO 13
469 RCL 37
470 STO 23
471 XEQ 38
472 ".........."
473 PRA
474 "A5 ZW.2/3"
475 PRA
476 "12"
477 XROM 28,07
478 STOP
479♦LBL 54
480 XEQ 36
481 XEQ 44
482 RCL 12
483 STO 15
484 RCL 22
485 STO 25
486 RCL 34
487 STO 12
488 RCL 36
489 STO 22
490 RCL 35
491 STO 13
492 RCL 37
493 STO 23
494 RCL 31
495 STO 14
496 RCL 33
497 STO 24
498 XEQ 38
499 ".........."
500 PRA
501 "A5 ZW.1/2"
502 PRA
503 "12"
504 XROM 28,07
505 STOP
506♦LBL 55
507 XEQ 36
508 XEQ 45
509 RCL 11
510 STO 15
511 RCL 21
512 STO 25
513 RCL 30
514 STO 11
515 RCL 32
516 STO 21
517 RCL 34
518 STO 12
519 RCL 36
520 STO 22
521 RCL 35
522 STO 13
523 RCL 37
524 STO 23
525 RCL 31
526 STO 14
527 RCL 33
528 STO 24
529 XEQ 38
530 ".........."
531 PRA
532 "A5 JENS.1"
533 PRA
534 "12"
535 XROM 28,07
536 STOP
537 .END.
```

Tabelle 3.2 Eingabe der x-y-Koordinaten der fünf E-Punkte und Ausdruck mit XEQ 36. Berechnung sämtlicher B_0-Punkt-Reduktionen mit XEQ 41 und $1 = R_{09}$

XEQ 36

```
======
BO-EING.
X1,Y1,X2,Y2
    66.00000000   x1 = R11
    36.50000000   y1 = R21
    64.50000000   x2 = R12
    17.00000000   y2 = R22
X3,Y3,X4,Y4
    37.00000000   x3 = R13
    4.000000000   y3 = R23
    11.00000000   x4 = R14
    4.000001000   y4 = R24
X5,Y5
    41.50000000   x5 = R15
    50.00000000   y5 = R25
```

XEQ 41; $1 = R_{09}$

```
==========
M-S:14-23                Labe 41
XBO,YBO
    76.70454888   xBo = R26
    -44.40385343  yBo = R27
PSI-TW-UV
    46.08417516   ψtw = R17
    28.11969860   ψuv = R18
==========
M-S:15-23                Label 42
XBO,YBO
    43.80237408
    25.19690110
PSI-TW-UV
    68.31801085
    -86.18704263
==========
M-S:15-24                Label 43
XBO,YBO
    37.12388915
    13.07668770
PSI-TW-UV
    44.19311555
    -168.9959459
```

```
==========
M-S:15-34                Label 44
XBO,YBO
    23.99999943
    -10.74074181
PSI-TW-UV
    25.56690739
    82.81875117
=========
M-S:25-34                Label 45
XBO,YBO
    24.00000036
    13.28787907
PSI-TW-UV
    59.27676801
    -108.9120130
=========
```

Nach den Angaben, T a b e l l e 3.2, werden die x-y-Koordinaten der fünf E-Punkte eingegeben und mit dem Befehl XEQ 36 ausgedruckt. Setzt man den Steuerwert $1 = R_{09}$, so werden nun nach XEQ 41 sämtliche fünf B_0-Reduktionen nach Bild 3.2 berechnet und ausgedruckt. Mit M-S: 14-23 wird im Label 41 z.B. die Paarung der Mittelsenkrechten $g_{14} - g_{23}$ gekennzeichnet.

Will man eine der fünf Paarungen berechnet haben, so setzt man $0 = R_{09}$ und ruft das gewünschte Label, z.B. für die Paarung MS: 15-34, mit XEQ 44 ab.

Nun haben wir die fünffache Auswahl für die Lage des B_0-Punktes. Hat man sich aus konstruktiven Gründen für einen dieser Punkte entschieden, z.B. für $B_{0(14-23)}$ nach Bild 3.2, so kann das Vorprogramm abgeschlossen werden, und zwar mit $0 = R_{09}$ und jeweils dem XEQ-Befehl: 51=41; 52=42; 53=43; 54=44; 55=45 mit lediglich Veränderung der Ziffer 4 in Ziffer 5 mit Beibehaltung der Letztziffern.

Tabelle 3.3 Berechnung der Koordinaten x.-y. für den Übergang zum Hauptprogramm

XEQ 51; 0 = R_{09}

```
======
BO-EING.
X1,Y1,X2,Y2
        66.00000000
        36.50000000
        64.50000000
        17.00000000
X3,Y3,X4,Y4
        37.00000000
        4.000000000
        11.00000000
        4.000001000
X5,Y5
        41.50000000
        50.00000000      (x-y-Koordinaten wie XEQ 36)
==========
M-S:14-23
XBO,YBO
        76.70454888 XBO = R26
       -44.40385343 YBO = R27
PSI-TW-UV
        46.08417518 ψtw = R17
        28.11969860 ψuv = R18
==========
```

```
KOO.F.BO
X1,Y1,X2,Y2
       -10.70454888 x1. = R11
        80.90385343 y1. = R21
       -12.20454888 x2. = R12
        61.40385343 y2. = R22
X3,Y3,X4,Y4
       -39.70454888 x3. = R13
        48.40385343 y3. = R23
       -65.70454888 x4. = R14
        48.40385443 y4. = R24
X5,Y5
       -35.20454888 x5. = R15
        94.40385343 y5. = R25
```

Nach T a b e l l e 3.3 werden die x-y-Koordinaten nochmals ausgedruckt und ebenso die Werte x_{B0}, y_{B0}, sowohl ψ_{tw} und ψ_{uv}, dann erfolgt eine Parallel-Koordinaten-Transformation in die x.-y.-Koordinaten mit B_0 als Ursprung. Diese Transformation ist erforderlich, weil B_0 als Zentralpunkt des eigentlichen Entwurfes zu entscheidenden Vereinfachungen führt. Um aber auch eine Koordinaten-Rückrechnung zu ermöglichen, ist der Abruf XEQ 37 mit Ausdruck vorgesehen.

Ist für den Rechner HP-41CV ein Massenspeicher vorhanden, so wird mit dem Befehl "XEQ α-Readp -α" automatisch auf das Hauptprogramm für die eigentliche Synthese übergeleitet. Andernfalls braucht dieses Hauptprogramm, mit dem von nun an allein gearbeitet wird, lediglich aus anderen Programmspeichern, z.B. von den Magnetkarten, eingegeben zu werden.

Tabelle 3.4 Hauptprogramm der „5-Punkte-Synthese" zur Gelenkviereck-Berechnung für fünf gegebene Koppelpunkt-Lagen

Size 055

```
01♦LBL "HN12"
02 XEQ 35
03♦LBL 20
04 RCL 10
05 RCL 17
06 2
07 /
08 -
09 ENTER↑
10 RCL 20
11 P-R
12 STO 30
13 X<>Y
14 STO 31
15 RCL 21
16 -
17 ENTER↑
18 RCL 30
19 RCL 11
20 -
21 R-P
22 STO 08
23 RCL 22
24 ENTER↑
25 RCL 12
26 R-P
27 STO 32
28 X<>Y
29 RCL 10
30 -
31 RCL 18
32 2
33 /
34 +
35 STO 33
36 RCL 33
37 SIN
38 X↑2
39 RCL 32
40 X↑2
41 *
42 CHS
43 RCL 08
44 X↑2
45 +
46 STO 44
47 0
48 RCL 44
49 X<=Y?
50 XEQ 19
51 RCL 44
52 SQRT
53 RCL 19
54 *
55 RCL 33
56 COS
57 RCL 32
58 *
59 +
60 STO 32
61 RCL 10
62 RCL 18
63 2
64 /
65 -
66 ENTER↑
67 RCL 32
68 P-R
69 STO 34
70 X<>Y
71 STO 35
72 RCL 35
73 RCL 31
74 -
75 ENTER↑
76 RCL 34
77 RCL 30
78 -
79 R-P
80 X<>Y
81 90
82 +
83 TAN
84 STO 33
85 RCL 30
86 RCL 34
87 +
88 2
89 /
90 RCL 33
91 *
92 CHS
93 RCL 31
94 RCL 35
95 +
96 2
97 /
98 +
99 RCL 10
100 TAN
101 RCL 33
102 -
103 /
104 STO 36
105 RCL 10
106 TAN
107 *
108 STO 37
109 RCL 31
110 RCL 37
111 -
112 ENTER↑
113 RCL 30
114 RCL 36
115 -
116 R-P
117 STO 02
118 X<>Y
119 STO 28
120 RCL 10
121 -
122 180
123 +
124 XEQ 18
125 STO 38
126 RCL 35
127 RCL 37
128 -
129 ENTER↑
130 RCL 34
131 RCL 36
132 -
133 R-P
134 X<>Y
135 RCL 28
136 -
137 XEQ 18
138 STO 39
139 RCL 10
140 RCL 18
141 2
142 /
143 +
144 ENTER↑
145 RCL 32
146 P-R
147 STO 40
148 X<>Y
149 RCL 37
150 -
151 ENTER↑
152 RCL 40
153 RCL 36
154 -
155 R-P
156 X<>Y
157 RCL 28
158 -
159 XEQ 18
160 STO 40
161 RCL 10
162 RCL 17
163 2
164 /
165 +
166 ENTER↑
167 RCL 20
168 P-R
169 STO 41
170 X<>Y
171 RCL 37
172 -
173 ENTER↑
174 RCL 41
175 RCL 36
176 -
177 R-P
178 X<>Y
179 RCL 28
180 -
181 XEQ 18
182 STO 41
183 RCL 40
184 RCL 39
185 +
186 2
187 /
188 RCL 38
189 +
190 STO 43
191 RTN
192♦LBL 21
193 "........"
194 PRA
195 XEQ 20
196 "GAMMA,F1,P"
197 PRA
198 RCL 10
199 PRX
200 RCL 20
201 PRX
202 RCL 19
203 PRX
204 "A,D"
205 PRA
206 RCL 02
207 PRX
208 RCL 37
209 ENTER↑
210 RCL 36
211 R-P
212 STO 05
213 PRX
214 "PHI*12,13,14"
215 PRA
216 RCL 38
217 PRX
218 RCL 39
219 PRX
220 RCL 40
221 PRX
222 RCL 41
223 PRX
224 "PHI-M"
225 PRA
226 RCL 43
227 PRX
228 RTN
229♦LBL 19
230 "A2 ??????"
231 PRA
232 "GAMMA,F1,P,M"
233 PRA
234 RCL 10
235 PRX
236 RCL 20
237 PRX
238 RCL 19
239 PRX
240 XEQ 25
241♦LBL 25
242 ".........."
243 PRA
244 RCL 25
245 RCL 37
246 -
247 ENTER↑
248 RCL 15
249 RCL 36
250 -
251 R-P
252 STO 44
253 X<>Y
254 ENTER↑
255 SIGN
256 ACOS
257 2
258 *
259 +
260 STO 45
261 RCL 44
262 X↑2
263 RCL 02
264 X↑2
265 +
266 RCL 08
267 X↑2
268 -
269 2
270 /
```

Tabelle 3.4 (Fortsetzung)

```
271 RCL 44
272 /
273 RCL 02
274 /
275 STO 44
276 1
277 RCL 44
278 ABS
279 X>Y?
280 XEQ 24
281 SF 25
282 RCL 44
283 ACOS
284 STO 44
285 "P,PHI-15,H"
286 PRA
287 RCL 19
288 PRX
289 RCL 45
290 RCL 46
291 RCL 44
292 *
293 +
294 RCL 38
295 -
296 RCL 10
297 -
298 180
299 +
300 XEQ 18
301 STO 42
302 PRX
303 RCL 46
304 PRX
305 RTN
306•LBL 23
307 1
308 STO 19
309 1
310 STO 46
311 XEQ 21
312 XEQ 25
313 -1
314 STO 46
315 XEQ 25
316 -1
317 STO 19
318 1
319 STO 46
320 XEQ 21
321 XEQ 25
322 -1
323 STO 46
324 XEQ 25
325 STOP
326•LBL 24
327 ".........."
328 PRA
329 "A5 ?????"
330 PRA
331 "GAMMA,F1,P,H"
332 PRA
333 RCL 10
334 PRX
335 RCL 20
336 PRX
337 RCL 19
338 PRX
339 RCL 46
340 PRX
341 "..........
342 PRA
343 RTN
344•LBL 18
345 ENTER↑
346 SIGN
347 ACOS
348 2
349 *
350 +
351 RTN
352•LBL 26
353 "==========
354 PRA
355 RCL 45
356 RCL 46
357 RCL 44
358 *
359 +
360 ENTER↑
361 RCL 02
362 P-R
363 RCL 36
364 +
365 STO 47
366 X<>Y
367 RCL 37
368 +
369 STO 48
370 RCL 22
371 CHS
372 ENTER↑
373 RCL 12
374 CHS
375 R-P
376 STO 29
377 X<>Y
378 STO 28
379 RCL 35
380 RCL 22
381 -
382 ENTER↑
383 RCL 34
384 RCL 12
385 -
386 R-P
387 X<>Y
388 RCL 28
389 -
390 STO 28
391 RCL 31
392 RCL 21
393 -
394 ENTER↑
395 RCL 30
396 RCL 11
397 -
398 R-P
399 X<>Y
400 RCL 28
401 -
402 ENTER↑
403 RCL 29
404 P-R
405 RCL 11
406 +
407 STO 29
408 X<>Y
409 RCL 21
410 +
411 STO 28
412 RCL 14
413 RCL 15
414 X=Y?
415 XEQ 46
416 RCL 25
417 CHS
418 ENTER↑
419 RCL 15
420 CHS
421 R-P
422 STO 33
423 X<>Y
424 STO 32
425 RCL 48
426 RCL 25
427 -
428 ENTER↑
429 RCL 47
430 RCL 15
431 -
432 R-P
433 X<>Y
434 RCL 32
435 -
436 STO 32
437 RCL 31
438 RCL 21
439 -
440 ENTER↑
441 RCL 30
442 RCL 11
443 -
444 R-P
445 X<>Y
446 RCL 32
447 -
448 ENTER↑
449 RCL 33
450 P-R
451 RCL 11
452 +
453 STO 33
454 X<>Y
455 RCL 21
456 +
457 STO 32
458 RCL 29
459 X↑2
460 RCL 28
461 /
462 RCL 28
463 +
464 STO 45
465 RCL 33
466 X↑2
467 RCL 32
468 /
469 RCL 32
470 +
471 STO 49
472 RCL 29
473 RCL 28
474 /
475 RCL 33
476 RCL 32
477 /
478 -
479 2
480 *
481 1/X
482 RCL 45
483 RCL 49
484 -
485 *
486 STO 49
487 RCL 29
488 *
489 RCL 28
490 /
491 CHS
492 RCL 45
493 2
494 /
495 +
496 STO 45
497 XEQ 48
498•LBL 48
499 RCL 45
500 ENTER↑
501 RCL 49
502 R-P
503 STO 04
504 X<>Y
505 STO 54
506 RCL 31
507 RCL 45
508 -
509 ENTER↑
510 RCL 30
511 RCL 49
512 -
513 R-P
514 STO 03
515 "MUE-M-M*"
516 PRA
517 RCL 43
518 COS
519 RCL 02
520 *
521 CHS
522 RCL 05
523 +
524 STO 51
525 XEQ 28
526 RCL 43
527 COS
528 RCL 02
529 *
530 RCL 05
531 +
532 STO 51
533 RCL 03
534 X↑2
535 RCL 04
536 X↑2
537 +
538 RCL 51
539 X↑2
540 -
541 2
542 /
543 RCL 03
544 /
545 RCL 04
546 /
547 STO 50
548 1
549 RCL 50
550 ABS
551 X>Y?
552 XEQ 27
553 RCL 50
554 ACOS
555 PRX
```

Tabelle 3.4 (Fortsetzung)

```
556 GTO 30
557♦LBL 27
558 "NICHT"
559 PRA
560 "UMLAUFF."
561 PRA
562 GTO 30
563♦LBL 28
564 RCL 03
565 X↑2
566 RCL 04
567 X↑2
568 +
569 RCL 51
570 X↑2
571 -
572 2
573 /
574 RCL 03
575 /
576 RCL 04
577 /
578 STO 50
579 1
580 RCL 50
581 ABS
582 X>Y?
583 XEQ 29
584 RCL 50
585 ACOS
586 STO 50
587 PRX
588 RTN
589♦LBL 29
590 "MUE ?????"
591 PRA
592 STOP
593♦LBL 46
594 RCL 24
595 RCL 25
596 X=Y?
597 XEQ 47
598 RTN
599♦LBL 31
600 RCL 28
601 RCL 51
602 -
603 ENTER↑
604 RCL 29
605 RCL 52
606 -
607 R-P
608 X<>Y
609 RCL 07
610 -
611 ENTER↑
612 RCL 03
613 P-R
614 RCL 52
615 +
616 STO 32
617 X<>Y
618 RCL 51
619 +
620 STO 33
621 RCL 51
622 RCL 33
623 -
624 ENTER↑
625 RCL 52
626 RCL 32
627 -
628 R-P
629 X<>Y
630 STO 54
631 RCL 33
632 CHS
633 ENTER↑
634 RCL 32
635 CHS
636 R-P
637 X<>Y
638 STO 32
639 CHS
640 RCL 54
641 +
642 PRX
643 360
644 RCL 32
645 +
646 RCL 10
647 -
648 PRX
649 RTN
650♦LBL 30
651 "..........."
652 PRA
653 "PSI-1"
654 PRA
655 RCL 31
656 ENTER↑
657 RCL 30
658 R-P
659 STO 52
660 X<>Y
661 ENTER↑
662 SIGN
663 ACOS
664 2
665 *
666 +
667 RCL 10
668 -
669 180
670 +
671 STO 53
672 RCL 54
673 RCL 10
674 -
675 180
676 +
677 STO 44
678 PRX
679 RCL 53
680 RCL 44
681 -
682 SIGN
683 STO 06
684 "A,B,C,D,S"
685 PRA
686 RCL 02
687 PRX
688 RCL 03
689 PRX
690 RCL 04
691 PRX
692 RCL 05
693 PRX
694 RCL 06
695 PRX
696 "EPS.,E"
697 PRA
698 RCL 45
699 RCL 31
700 -
701 ENTER↑
702 RCL 49
703 RCL 30
704 -
705 R-P
706 X<>Y
707 STO 07
708 RCL 21
709 RCL 31
710 -
711 ENTER↑
712 RCL 11
713 RCL 30
714 -
715 R-P
716 X<>Y
717 RCL 07
718 -
719 STO 07
720 PRX
721 RCL 08
722 PRX
723 ".........."
724 PRA
725 "MUE-1,PSI-1"
726 PRA
727 RCL 21
728 STO 28
729 RCL 11
730 STO 29
731 RCL 31
732 STO 51
733 RCL 30
734 STO 52
735 XEQ 31
736 "MUE-2,PSI-2"
737 PRA
738 RCL 22
739 STO 28
740 RCL 12
741 STO 29
742 RCL 35
743 STO 51
744 RCL 34
745 STO 52
746 XEQ 31
747 "MUE-3,PSI-3"
748 PRA
749 RCL 35
750 ENTER↑
751 RCL 34
752 R-P
753 X<>Y
754 RCL 18
755 +
756 X<>Y
757 P-R
758 STO 52
759 X<>Y
760 STO 51
761 RCL 23
762 STO 28
763 RCL 13
764 STO 29
765 XEQ 31
766 "MUE-4,PSI-4"
767 PRA
768 RCL 10
769 RCL 17
770 2
771 /
772 +
773 ENTER↑
774 RCL 20
775 P-R
776 STO 52
777 X<>Y
778 STO 51
779 RCL 24
780 STO 28
781 RCL 14
782 STO 29
783 XEQ 31
784 "MUE-5,PSI-5"
785 PRA
786 RCL 42
787 RCL 10
788 +
789 180
790 -
791 RCL 38
792 +
793 ENTER↑
794 RCL 02
795 P-R
796 RCL 36
797 +
798 STO 52
799 X<>Y
800 RCL 37
801 +
802 STO 51
803 RCL 25
804 STO 28
805 RCL 15
806 STO 29
807 XEQ 31
808 STOP
809♦LBL 33
810 XEQ 21
811 XEQ 25
812 XEQ 26
813 STOP
814♦LBL 35
815 SF 12
816 "=========="
817 PRA
818 "GV-KOPPELK."
819 PRA
820 "5 GENAUPKTE"
821 PRA
822 CF 12
823 "KOORD.E-PKTE"
824 PRA
825 "X1,Y1,X2,Y2"
826 PRA
827 RCL 11
828 PRX
829 RCL 21
830 PRX
831 RCL 12
832 PRX
833 RCL 22
834 PRX
835 "X3,Y3,X4,Y4"
836 PRA
837 RCL 13
838 PRX
839 RCL 23
840 PRX
```

Tabelle 3.4 (Fortsetzung)

841 RCL 14	852 STOP	863 PRX	874 +	885 +
842 PRX	853•LBL 47	864 RCL 28	875 TAN	886 STO 45
843 RCL 24	854 ".........."	865 2	876 RCL 49	887 XEQ 48
844 PRX	855 PRA	866 /	877 RCL 29	888 STOP
845 "X5,Y5"	856 SF 12	867 ENTER↑	878 2	889•LBL 50
846 PRA	857 "4 GENAUPKTE"	868 RCL 29	879 /	890 XEQ 21
847 RCL 15	858 PRA	869 2	880 -	891 XEQ 26
848 PRX	859 CF 12	870 /	881 *	892 STOP
849 RCL 25	860 "XB"	871 R-P	882 RCL 28	893 .END.
850 PRX	861 PRA	872 X<>Y	883 2	
851 ADV	862 RCL 49	873 90	884 /	

3.3 HAUPTPROGRAMM ZUR KOPPELKURVEN-SYNTHESE

Das Hauptprogramm der "5-Punkte-Synthese", Tabelle 3.4, dient zur Berechnung von Gelenkvierecken, von denen ein Koppelpunkt E die gegebenen Koppellagen E_1 bis E_5 genau in der gegebenen Reihenfolge durchläuft. Nach Bild 3.3 gelten die x.-y.-Koordinaten für das Achsenkreuz mit B_0 als Ursprung. Nun stehen zwei für den Entwurf entscheidende freie Eingangsgrößen zur Verfügung. Als erste legt der Winkel γ die Lage des Gestells d durch den Strahl B_0X_0 fest. An diesen Strahl trägt man die halben Winkel $1/2\psi_{tw} = 1/2\psi_{14}$ und $1/2\psi_{uv} = 1/2\psi_{23}$ an, die aus dem Vorprogramm bekannt sind. Auf dem damit bestimmten Strahl B_0X_1 wählt man als zweite freie Eingangsgröße mit $B_0A_1 = f_1$ den Punkt A_1, womit auch die Strecke $E_1A_1 = e$ festliegt.

Wenn nun der Fortgang der Konstruktion dadurch bestimmt ist, um E_2 einen Kreisbogen mit e als Radius zu schlagen, der den Strahl B_0X_2 im Punkt A_2 schneidet, so muß dem Rechner die Möglichkeit gegeben werden, beide möglichen Punkte zu berechnen; die Entscheidung, welcher A_2-Punkt der günstigere ist, muß dem Programmbediener übertragen werden, wodurch der Dialog mit dem Rechner gekennzeichnet ist. Der nächste Konstruktionsschritt besteht darin, auf B_0X_0 den Punkt A_0 zu finden, der als Mittelpunkt eines Kreises mit dem Radius a durch A_1 und A_2 geht, d.h. es ist der Schnittpunkt A_0 der Mittelsenkrechten von A_1A_2 mit B_0X_0 zu finden.

Das Kennzeichen der vorliegenden Methode liegt nun in der Symmetrie von A_4 zu A_1 und von A_3 zu A_2 auf dem a-Kreis mit B_0X_0 als Symmetrieachse. Man braucht nämlich die gesamte Konstruktion nur für die E-Lagen 1, 4 und 5 durchzuführen; die Lagen E_2 und E_3 sind wegen der vorbereiteten Maßnahmen in jedem Falle mit erfüllt! [3.1] Also muß nur noch der Schnittpunkt A5 des Kreises um E_5 mit e als Radius und mit dem a-Kreis bestimmt werden, für den es wieder zwei Möglichkeiten gibt! Deshalb wird in dieser Zwischenstufe eine Übersicht über die Variationen durch die zweifachen Lagen von A_2 und A_5 nach Tabelle 3.5 vom Rechner zusammengestellt. Für A_2 gilt der Beiwert $p = \pm 1 = R_{19}$ und für A_5 der Beiwert $h = \pm 1 = R_{46}$.

Für den Abruf XEQ 23, Tabelle 3.5, werden die beiden grundsätzlich freien Parameter $\gamma = R_{10}$ und $f_1 = R_{20}$ eingegeben. Nach Programm, wie aus dem Ausdruck ersichtlich, werden zuerst für $p = +1$ und nacheinander für $h = +1$ und $h = -1$ die Gliedlängen a und d sowie die Winkel φ^*, φ_{12}, φ_{13}, φ_{14} nach Bild 3.3 berechnet, außerdem der Winkel $\varphi_m = 180^0$ oder 360^0 (0^0), über den sich Kurbel a zwischen den Symmetrie-Kurbellagen bewegt. Für $h = +1$ und $h = -1$ kommt dann der Winkel φ_{15} zum Ausdruck. Danach erfolgt das Gleiche für $p = -1$ und nacheinander $h = +1$ und $h = -1$.

Nun muß also nach kritischer Durchsicht der Tabelle 3.5 die Entscheidung über die Vorzeichen von p und h gefällt werden. Zuerst wählt man $p = +1$ aus, weil hierfür $a < d$ und damit die erste Voraussetzung für das Zustandekommen eines Gelenkvierecks gegeben ist, dessen Kurbel a umläuft und dessen Abtriebsglied c hin und her schwingt, wobei vorausgesetzt wurde, daß eine "Kurbelschwinge" gefordert wird. Hinsichtlich der Auswahl von h ist $\varphi_{15} = 272{,}37..$ mit $h = -1$ zu bevorzugen, weil die Kurbellage A_0A_5 günstiger zwischen A_0A_4 und A_0A_1 liegt als für $h = +1$ ($p = +1$) und damit auch die Bewegung von E zwischen E_4 und E_1 gleichmäßiger verläuft.

Mit den beiden Werten p und h kann nunmehr die Berechnung der Gelenkviereck-Rest-Abweichungen mit XEQ 33 nach Tabelle 3.6 vorgenommen werden [1.1]. Im Ausdruck werden zunächst die

Tabelle 3.5 Übersicht über Zwischenergebnisse bei der 5-Punkte-Synthese durch Variationen der zweifach möglichen Punktlagen A_2 und A_5 nach Bild 3.3

```
XEQ 23
   |
   v
........
GAMMA,F1,P
     242.0000000    γ = R10
     65.00000000    f1 = R20
     1.000000000    p = R19
A,D
     25.50908669    a = R02
     61.67027471    d = R05
PHI*12,13,14
     85.82726840    φ* = R38
     44.14613040    φ12 = R39
     144.1993328    φ13 = R40
     188.3454632    φ14 = R41
PHI-M
     180.0000000    φm = R43
..........
P,PHI-15,H
     1.000000000    p = R19
     336.7773190    φ15 = R42
     1.000000000    h = R46
..........
P,PHI-15,H
     1.000000000    p = R19
     272.3783000    φ15 = R42
    -1.000000000    h = R46
==========
GAMMA,F1,P
     242.0000000    γ = R10
     65.00000000    f1 = R20
    -1.000000000    p = R19
A,D
     110.0531992    a = R02
     47.25797445    d = R05
PHI*12,13,14
     166.6337844    φ* = R38
     173.3184386    φ12 = R39
     213.4139927    φ13 = R40
     26.73243120    φ14 = R41
PHI-M
     360.0000001    φm = R43
..........
P,PHI-15,H
    -1.000000000    p = R19
     352.9114401    φ15 = R42
     1.000000000    h = R46
..........
P,PHI-15,H
    -1.000000000    p = R19
     184.7249703    φ15 = R42
    -1.000000000    h = R46
```

Tabelle 3.6 Berechnung der Gelenkviereck-Abmessungen und -Kennwerte für die 5-Punkte-Synthese. Maße in Übereinstimmung mit Bild 3.3

```
XEQ 33
   |
   v
........
GAMMA,F1,P
     242.0000000
     65.00000000
     1.000000000
A,D
     25.50908669
     61.67027471
PHI*12,13,14
     85.82726840
     44.14613040
     144.1993328
     188.3454632
PHI-M
     180.0000000
..........
P,PHI-15,H
     1.000000000
     272.3783000
    -1.000000000
                      (teilweise Wiederholung von XEQ 23)
==========
MUE-M-M*
     138.8932380    μm
     36.09160643    μm*
..........
PSI-1
     94.36846020    ψ1 = R44
A,B,C,D,S
     25.50908669    a = R02
     57.90767773    b = R03
     34.79408413    c = R04
     61.67027471    d = R05
     1.000000000    s = R06
EPS.,E
     0.690437880    ε = R07
     128.1240812    e = R08
..........
MUE-1,PSI-1
    -85.17529049    μ1
     94.36846020    ψ1
MUE-2,PSI-2
    -118.3140051    μ2
     126.6288253    ψ2
MUE-3,PSI-3
    -118.3140051    μ3
     154.7485239    ψ3
MUE-4,PSI-4
    -85.17529049    μ4
     140.4526354    ψ4
MUE-5,PSI-5
    -36.12883093    μ5
     71.93358400    ψ5
```

festgelegten und gewonnenen Werte nach Tabelle 3.5 nochmals festgehalten. Diese werden dann die Übertragungswinkel μ_m und μ_m^*, die für $\varphi_m = 180^o$ gelten. Im Beispiel sind $\mu_m^* = 138{,}89..^o$ (gleichwertig mit $\mu = 41{,}11..^o$) und $\mu_m = 36{,}091..^o$ als Extremwerte bei der Gelenkviereck-Umlauffähigkeit als befriedigend zu bezeichnen. Der Winkel ψ_1 ist für das Aufzeichnen des Gelenkvierecks in der Bezugslage "1" (A_0A_1) wichtig. Die Abmessungen des Gelenkvierecks a, b, c, d, ε, e und der Bereichs-Kennwert s (vgl. Kap. 2) sind das eigentliche Rechenergebnis. Wenn dann darauf folgend für alle fünf Genaulagen die Übertragungswinkel μ_1 bis μ_5 und die c-Lagenwinkel ψ_1 bis ψ_5 berechnet und festgehalten werden, sollen diese Informationen für solche Gelenkvierecke gelten, von denen keine Umlauffähigkeit verlangt wird, die meist als hin und her schwingende Getriebe höheren Ansprüchen genügen sollen und Teilgetriebe in mehrgliedrigen Getrieben darstellen. Mit den beiden freien Parametern γ und f_1 ist es möglich, das gesamte Lösungsfeld von $\gamma = 0^o$ bis $\gamma = 360^o$ vollautomatisch abzutasten. Dann ist es zweckmäßig, IF-Schranken für Grenzwerte, z.B. für die Längen a und d und für unbefriedigende μ-Winkel einzubauen. Hierbei ist aber noch auf die fünffache Auswahlmöglichkeit der B_0-Lagen im Vorprogramm hinzuweisen. Schließlich muß noch auf ein zweites Synthese-Verfahren für dieselbe Aufgabe mit denselben Ergebnismöglichkeiten hingewiesen werden [3.1], für das bisher noch kein Rechenprogramm aufgestellt wurde.

3.4 UNSYMMETRISCHE SECHSPUNKTIGE KOPPELKURVEN-GERADFÜHRUNG

Wenn das Programm "5-Punkte-Synthese" bisher auf fünf vorgeschriebene Bahnpunkte beschränkt wurde, so geschah dies aus sehr wichtigen praktischen Erwägungen; denn es bleiben hierbei immer noch zwei freie Entwurfsparameter, nämlich der Winkel γ für die Gestellgerade und der Abstand f_1 des Punktes A_1 von B_0. Bei voller Ausnutzung dieser beiden Parameter ist die Auswahl für praktisch verwendbare Getriebe, vor allem bei automatischem Abtasten eines ganzen Lösungsfeldes, noch groß genug. Besonders aber kann man mit ziemlicher Sicherheit feststellen, daß es bei Fehlmeldungen des Rechners unter den gegebenen Voraussetzungen auch keine Lösung gibt!

Es liegen trotzdem Untersuchungen vor, daß es für 6 Genaupunkte und nach Interpolationen sogar für 7 solcher Punkte Lösungen geben kann [3.1], und es ist sogar gelungen, bei Symmetrielagen für 8 Punkte zum Ziele zu kommen [3.2].

Im folgenden soll nun für eine Geradführung die einzigartige Möglichkeit behandelt werden, 5 Punkte vorzugeben und als Ergebnis eine sechspunktige Übereinstimmung zu erhalten! Die Koppelkurven des Gelenkvierecks sind 6. Grades, und deshalb sind maximal sechs Schnittpunkte der Koppelkurve mit einer Geraden erreichbar; es kann allerdings auch nur fünf Schnittpunkte geben. Der erste Fall tritt ein, wenn die Koppelkurve in derselben Richtung in den Bereich der sechs aufeinanderfolgenden Schnittpunkte eintritt, in der sie ihn auch wieder verläßt.

Bisher sind sechspunktige Geradführungen vorwiegend mit Hilfe gleichschenkliger oder symmetrischer Gelenkvierecke erzeugt worden. Bei der Koppelkurven-Symmetrie brauchen nur Berechnungen für drei Punkte, allerdings mit stark reduzierenden Bedingungen hinsichtlich Gliedlängen-Gleichheiten, durchgeführt zu werden. Die oben angegebene Bedingung ist in jedem Falle erfüllt.

Nach B i l d 3.4 sollen auf einer Geraden vier Punkte E_1 bis E_4 paarweise symmetrisch vorgegeben werden, der Punkt E_5 soll außerhalb dieser Paarungen auf der Geraden liegen. Das vorweggenommene Ergebnis der Koppelkurve k_E zeigt die Geradführung auf nur einer Seite der Restkurve; also muß ein sechster Punkt als Genaupunkt zustande kommen! Die Berechnung kann ohne das Vorprogramm für die Mittelsenkrechten von E_1 - E_4 und E_2 - E_3 vorgenommen werden; denn die beiden zugehörigen Mittelsenkrechten fallen zusammen. Die ψ-Winkel findet man, wenn die E-Koordinaten und die Entfernung y_0 gegeben sind:

$$2 \cdot \arctan \frac{x_1}{y_0} = \psi_{14} \qquad (3.1)$$

$$2 \cdot \arctan \frac{x_2}{y_0} = \psi_{23} \qquad (3.2)$$

Tabelle 3.7 Eingangswerte (XEQ 35) für die Berechnung einer Koppelkurven-Geradführung und (XEQ 33) Ergebniswerte für die Geradführung

XEQ 35

```
==========
GV-KOPPELK.
5 GENAUPKTE
KOORD.E-PKTE
X1,Y1,X2,Y2
        15.00000000     ***
        70.00000000     ***
        10.00000000     ***
        70.00000100     ***
X3,Y3,X4,Y4
       -10.00000000     ***
        70.00000100     ***
       -15.00000000     ***
        70.00000000     ***
X5,Y5
        20.00000000     ***
        70.00000000     ***
```

XEQ 33

```
........
GAMMA,F1,P
        160.0000000     ***
        40.00000000     ***
        1.000000000     ***
A,D
        13.48889739     ***
        37.94568208     ***
PHI*12,13,14
        131.7888656     ***
        16.63824760     ***
        79.78402150     ***
        96.42226880     ***
PHI-M
        180.0000002     ***
..........
P,PHI-15,H
        1.000000000     ***
        341.3889229     ***
        1.000000000     ***
==========
```

```
MUE-M-M*
        76.77506607     ***
        33.93332956     ***
..........
PSI-1
        117.4166259     ***
A,B,C,D,S
        13.48889739     ***
        39.21516960     ***
        43.44131782     ***
        37.94568208     ***
        1.000000000     ***
EPS.,E
        12.01262704     ***
        71.26323074     ***
```

Nach Bild 3.4 wählt man nun noch die Werte γ und f_1, und nach Vorversuchen p und h. Nach Tabelle 3.7 werden zunächst mit XEQ 35 die Eingangswerte ausgedruckt, um dann mit XEQ 33 die Ergebniswerte zu erhalten (weitere Eingangswerte hier: γ, $f_1(F_1)$, p, h).

Aus Tabelle 3.7 ist ersichtlich, daß die Winkel φ^*, φ_{12}, φ_{13}, φ_{14} (Eintragungen siehe Bild 3.3) den Anforderungen genügen, darüber hinaus ist φ_{15} = 341,388..^{0} (-18,611..^{0}) und damit sichergestellt, daß die φ-Winkel-Reihenfolge der E-Reihenfolge auf der Koppelkurve k_E entspricht. Die Winkel μ_m = 76,775..^{0} (bei φ = 180^0) und μ_m^* = 33,933..^{0} (bei φ = 360^0 bzw. 0^0) lassen mit diesen ihren Extremwerten erkennen, daß das Gelenkviereck mit durchaus noch befriedigender Übertragungsgüte umlauffähig ist. Da auch, für die Markierung des Gelenkvierecks in der Lage 1, der Winkel ψ_1 = 117,4166..^{0} ausgedruckt wird, liegen mit den Maßen a, b, c, d, ε, e sämtliche notwendigen Werte fest, so daß man auf das Ausdrucken der übrigen μ- und ψ-Werte (siehe Tabelle 3.6) verzichten kann.

Um das Ergebnis bewerten zu können, ist eine Nachrechnung der Güte der Geradführung erforderlich, wozu ein früher benutztes Programm [3.3] eingesetzt werden soll. B i l d 3.5 zeigt in stark verzerrtem Maßstab den Verlauf der Ordinaten v, die für ein parallel versetztes Koordinatensystem mit A_0 als Ursprung gelten. Als erstes zeigt sich, daß tatsächlich eine sechspunktig eine Gerade schneidende Koppelkurve, allerdings noch mit unterschiedlichen Abweichungen der Extremwerte, zustande gekommen ist. Dies ist hier das besondere Kennzeichen der unsymmetrischen Koppelkurve (bei symmetrischen Koppelkurven ist auch eine Symmetrie der Abweichungen vorhanden), und die Unsymmetrie könnte sogar für bestimmte Anwendungen als ein Vorzug angesehen werden.

Nimmt man im Bild 3.5 einen Mittelwert v_m zwischen den beiden größten Extremwerten an, so findet man mit den Abmessungen des Bildes 3.4 eine Abweichung von $\delta = \pm 0{,}03132$. Die Dauer der Geradführung wird, Bild 3.5, im Winkelmaß dadurch bestimmt, daß die Schnittpunkte der von der Geraden auslaufenden Koppelkurve mit der Abszissenparallelen durch den größten Extremwert als Grenzwerte gelten. Man findet $\varphi_G = 168^0$ und eine ebenfalls so gekennzeichnete Länge der Geradführung $s_G = 47{,}5$. Beim Einsatz $s_G = 100$ % ergibt sich eine prozentuale Abweichung $\delta = 0{,}0659$ %. Trotz der Unsymmetrie kann dieses Ergebnis durchaus mit entsprechenden Untersuchungen an symmetrischen Geradführungen verglichen werden [3.4], wobei auch ungünstigere Übertragungswinkel in Kauf genommen werden [3.5].

Im B i l d 3.6 ist die Verwendung des Gelenkvierecks als Montage-Vorrichtung dargestellt. Ein stangenförmiges Werkstück soll an einer vorgearbeiteten Öffnung mit hoher Genauigkeit positioniert und danach eingepreßt werden. Um eine Geradführung für die Stange (nicht für einen ihrer Punkte E) zu erreichen, wird ein Punkt F des Stangenträgers mit einer Rolle in einer zur Geradführung parallelen Nut geführt. Die Form der Koppelkurve oberhalb der Geradführung ermöglicht dann auch eine Schräglage des Stangenträgers zur Aufnahme des Werkstückes. In einer solchen Vorrichtung bieten sich vielfache Justier-Möglichkeiten an, um die Einführung der Stange in die Öffnung zu gewährleisten.

Tabelle 3.8 Zusatzprogramm für Greiferzangen-Bandtransport

XEQ 55

```
893*LBL 55
894 90
895 RCL 40      ψe1
896 2
897 /
898 -
899 RCL 33      yE0
900 P-R
901 STO 11      XE1
902 X<>Y
903 RCL 38
904 -
905 RCL 39      yB0
906 +
907 STO 21      yE1
908 RCL 11
909 R-P
910 X<>Y
911 CHS
912 90
913 +
914 2
915 *
916 STO 17      ψ14
917 90
918 RCL 41      ψe2
919 2
920 /
921 -
922 RCL 38
923 P-R
924 STO 12      XE2
925 X<>Y
926 RCL 38
927 -
928 RCL 39
929 +
930 STO 22      YE2
931 RCL 12
932 R-P
933 X<>Y
934 CHS
935 90
936 +
937 2
938 *
939 STO 18      ψ23
940 STOP
941 .END.
Eingangswerte
```

Tabelle 3.9 Berechnung der Gelenkviereck-Abmessungen und -Kennwerte für den Greiferzangen-Bandtransport in Übereinstimmung mit Bild 3.8. Bezeichnungen der Kennwerte nach Tabelle 3.6

XEQ 35

```
==========
GV-KOPPELK.
5 GENAUPKTE
KOORD.E-PKTE
X1,Y1,X2,Y2
        19.29461491
        37.28831872
        9.742117067
        39.31876481
X3,Y3,X4,Y4
       -9.742117067
        39.31876481
       -19.29461491
        37.28831872
X5,Y5
        0.000000000
        43.00000000
```

XEQ 33

```
........
GAMMA,F1,P
        135.0000000
        30.00000000
       -1.000000000
A,D
        16.81721892
        36.27443473
PHI*12,13,14
        55.06590520
        322.2667893
        287.6014003
        249.8681896
PHI-M
        360.0000000
..........
P,PHI-15,H
       -1.000000000
        93.77011670
        1.000000000
```

```
==========
MUE-M-M*
        32.88374395
        110.1681437
..........
PSI-1
        101.6165130
A,B,C,D,S
        16.81721892
        28.79894101
        35.76471811
        36.27443473
        1.000000000
EPS.,E
        14.50142046
        29.68919105
```

3.5 ABSATZWEISER BANDTRANSPORT MIT GREIFERZANGEN

Im Bild 3.7 soll ein Kreis um E_0, tangierend an die Gerade mit dem Abstand y_{E0}, von einem Koppelpunkt E erzeugt werden. Es bietet sich sofort die Lage des Punktes B_0 mit beliebig wählbarem Abstand y_{B0} an. Für die Punktlagen E_1 und E_2, und symmetrisch dazu für E_3 und E_4, sollen die Winkel ψ_{e1} und ψ_{e2} angenommen werden. Für das Syntheseprogramm sind nun die Koordinaten der vier E-Punkte im Achsenkreuz mit B_0 als Ursprung sowie die Winkel ψ_{14} und ψ_{23} zu berechnen. Bei der Benutzung des Rechners HP-41CV läßt sich ein Zusatz-Programm (Label 55) nach Tabelle 3.8 aufstellen mit den besonders gekennzeichneten Eingangswerten und den mit nach Bild 3.7 gewählten Ergebniswerten.

Für die Aufgabenstellung ist noch der Punkt E_5 von Bedeutung, der auf der Symmetrieachse (y-Achse) der Kreisführung die "Dicke" der Kurve bestimmen soll. Nach Tabelle 3.9, XEQ 35, werden die Eingangswerte der x-y-Koordinaten ausgedruckt, und mit XEQ 33 kommt nach Wahl von $\gamma = 135^o$; $f_1 = 30$; $p = -1$; $h = +1$ das Gelenkviereck, dargestellt im Bild 3.8, zustande. Mit dem Übertragungswinkel μ_{min} (MUE-M) = $32{,}88..^o$ genügt es noch normalen Ansprüchen.

Die kinematischen Grundlagen für die Greiferzangen-Wirkung sollen an Hand von Bild 3.9 erläutert werden. Wenn die Koppelkurve teilweise mit einem Kreis mit dem Mittelpunkt E_0 übereinstimmt, bleibt während dieser Übereinstimmung jeder beliebige Zweischlag EFE_0 ein starres Gebilde, die Relativbewegung zwischen den Hebeln E_0F und EF ist Null, und die beiden Rollen R_1 und R_2 an diesen beiden verschiedenen Hebeln behalten ihren Abstand bei, so daß bei entsprechender Vorspannung ein zwischen den Rollen befindliches Werkstück mit konstanter Spannung gehalten wird. Sobald aber der Punkt E den kreisförmigen Teil der Koppelkurve verläßt, öffnet sich die Spannzange aus R_1 und R_2, und der gesamte Mechanismus kann in die Anfangsstellung zurückkehren, um dort erneut zu spannen und zu transportieren. Die Spannkraft während des Transportes sollte mit bestimmten Federungen, z.B. in den Hebeln selbst, erzeugt werden. Für ihre Einstellung bieten sich vielfache Möglichkeiten an, wie z.B. die exzentrische Rollenlagerung.

Durch die Kreisbewegung der beiden Spannhebel E_0F und EF muß das geradlinig geführte Bandmaterial geringfügig gebogen werden. Diese Verbiegung kann wesentlich vermindert werden dadurch, daß die Austrittsführung sehr kurz gehalten oder der Abstand zwischen dieser und der Spannstelle so groß wie möglich vorgesehen werden.

Der Entwurf von Gelenkvierecken für Kreisführungen beruht auf der Grundlage der gleichschenkligen Getriebe, wenn nämlich $b = c = BE$ sind, vgl. Bild 3.8. Dabei entstehen genau symmetrische Koppelkurven. Die hier vorgeführte Methode führt zunächst zu geringerem Raumbedarf, weil die Koppelseite BE wesentlich kürzer als b und c ist. Sie ermöglicht aber auch die in bestimmten Grenzen beliebige Vorgabe des Punktes E_5 und damit die Spannzangen-Öffnung. Besonders wichtig ist aber eine nahezu in jedem Falle erstrebte Flexibilität hinsichtlich der Anpassung an die gegebene Transportaufgabe. Die Länge des Transportweges, mit Annäherung gekennzeichnet durch die Entfernung E_1E_4, ist Teil der Aufgabe. Daneben ist auch die Dauer des Transportvorganges wichtig, die wiederum mit Annäherung durch den Winkel φ_{14} ausgedrückt wird. Nach Tabelle 3.9 ist dieser Winkel $\varphi_{14} = 249.868.. - 360 = -110,1318..^{o}$, d.h. die Kurbel a dreht sich von A_1 bis A_4 (entsprechend E_1 bis E_4) in negativem Sinne (im Uhrzeigersinn). Mit dem hier gewählten Lösungsbereich läßt sich φ_{14} durch die Eingangsgröße $B_0A = f_1 = R_{20}$ beeinflussen. Die Veränderungen von φ_{14}, also der Transportdauer, in Abhängigkeit von f_1 sind im Bild 3.10 zu erkennen, als zusätzliche Bewertung der Verlauf von μ_{min} und der Kurbellänge a. Bei $f_1 = 18$ ist $\varphi_{14} = -59,551..^{o}$, bei $f_1 = 35$ ist $\varphi_{14} = -156,721..^{o}$, jedoch nur $\mu_{min} = 25,564..^{o}$. Bemerkenswert ist die Konstanz von μ_{min} in einem verhältnismäßig weiten Bereich. Der Anstieg von $\varphi_{14} = -156,270..^{o}$ bei $f_1 = 5$ wird mit $\mu_{min} = 18,57..^{o}$ und $a = 2,348..$ erkauft!

Zur Konstruktion nach Bild 3.8 ist noch zu bemerken, daß hier nur eine von den fünf möglichen Mittelsenkrecht-Variationen benutzt wurde. Außerdem wurde die Untersuchung auf $\gamma = 135^0$ beschränkt, so daß noch ein wesentlich breiteres Lösungsband zu vermuten ist. So ist mit Sicherheit ein Winkel φ_{14} bis etwa 250^0 zu erwarten, wobei allerdings die Güte der Kreisführung und damit eine größere Schwankung der Spannkraft in Kauf zu nehmen ist.

3.6 DIE ARCHIMEDISCHE SPIRALE ALS KOPPELKURVE

Die archimedische Spirale wird vielfach im Maschinenbau und in der Fertigungstechnik nutzbringend verwendet. Es liegt nahe, gleiche Wegstrecken auf einem um gleiche Winkelbeträge verschwenkten Strahl für Arbeitsgänge einzusetzen, bei denen z.B. in jeder Zwischenlage gleich große Kräfte auszuüben sind, ein gleichmäßig bewegter Kolben im schwenkbaren Zylinder für konstanten Druck zum Farbspritzen in gleicher Strickstärke sorgt, oder ein aus dem drehenden Vorratsbehälter gespeister Kunststoffstrang gleichmäßig auf einem Kreissegment abzulegen ist.

In Bild 3.11 sind die geometrischen Grundlagen für die archimedische Spirale wiedergegeben. Auf einem Anfangsstrahl mit dem Winkel η^* und dem Abstand r^* liegt der Punkt E_1 fest. Die weiteren Punkte E_2 bis E_5 ergeben sich aus den beiden weiteren Eingangswerten $\Delta\eta$ und Δr, es ist also z.B. $\eta_4 = \eta^* + 3\Delta\eta$ und $r_4 = r^* + 3\Delta r$. Das Programm hierfür ist in Tabelle 3.10, seine Anwendung in Tabelle 3.11 dargestellt.

Im Vorprogramm wurde, wie schon in Tabelle 3.2 vorgeführt, aus der Wahl der fünf Mittelsenkrechten-Paarungen die Entscheidung für MS: 14-23 getroffen, und deshalb die Weiterleitung, wie in Tabelle 3.3, mit XEQ 51 bewerkstelligt und damit der Übergang in das Hauptprogramm ermöglicht. Tabelle 3.12 zeigt das Ergebnis, und schließlich wird mit den auf B_0 bezogenen Koordinaten das Gelenkviereck nach Tabelle 3.13 berechnet. Mit den sich daraus ergebenden Abmessungen ist das im Bild 3.12 dargestellte Gelenkviereck entstanden, dessen Koppelpunkt E die vorgeschriebene archimedische Spirale k_E in

Tabelle 4.1 (Fortsetzung)

```
271 STO 28
272 PRX
273 "III:XAO,YAO"
274 PRA
275 RCL 40
276 STO 44
277 PRX
278 RCL 41
279 PRX
280 "IIIPHIX,PSIX"
281 PRA
282 RCL 34
283 RCL 39
284 -
285 ENTER↑
286 RCL 33
287 RCL 38
288 -
289 R-P
290 X<>Y
291 STO 49
292 PRX
293 X<>Y
294 P-R
295 RCL 44
296 +
297 STO 47
298 X<>Y
299 RCL 46
300 +
301 STO 48
302 RCL 34
303 RCL 31
304 -
305 ENTER↑
306 RCL 33
307 RCL 30
308 -
309 R-P
310 X<>Y
311 STO 50
312 PRX
313 "============
314 PRA
315 "I"
316 PRA
317 XEQ 00
318 RCL 02
319 STO 51
320 RCL 03
321 STO 52
322 RCL 04
323 STO 53
324 RCL 05
325 STO 54
326 RCL 12
327 STO 02
328 RCL 13
329 STO 03
330 RCL 14
331 STO 04
332 RCL 15
333 STO 05
334 "----------"
335 PRA
336 "II"
337 PRA
338 XEQ 00
339 RCL 22
340 STO 02
341 RCL 23
342 STO 03
343 RCL 24
344 STO 04
345 RCL 25
346 STO 05
347 "------------
348 PRA
349 "III"
350 PRA
351 XEQ 00
352 RCL 51
353 STO 02
354 RCL 52
355 STO 03
356 RCL 53
357 STO 04
358 RCL 54
359 STO 05
360 STOP
361♦LBL 00
362 1
363 STO 08
364 RCL 03
365 RCL 04
366 +
367 RCL 05
368 RCL 02
369 +
370 X<>Y
371 X>Y?
372 XEQ 10
373 2
374 STO 09
375 RCL 03
376 RCL 04
377 -
378 ABS
379 RCL 05
380 RCL 02
381 -
382 ABS
383 X<>Y
384 X<=Y?
385 XEQ 11
386 3
387 STO 10
388 RCL 05
389 RCL 04
390 +
391 RCL 03
392 RCL 02
393 +
394 X<>Y
395 X>Y?
396 XEQ 12
397 4
398 STO 11
399 RCL 05
400 RCL 04
401 -
402 ABS
403 RCL 03
404 RCL 02
405 -
406 ABS
407 X<>Y
408 X<=Y?
409 XEQ 13
410 RCL 08
411 RCL 09
412 -
413 RCL 11
414 +
415 -3
416 X<>Y
417 X=Y?
418 XEQ 14
419 RCL 08
420 RCL 09
421 +
422 RCL 10
423 +
424 6
425 X<>Y
426 X=Y?
427 XEQ 15
428 RCL 08
429 CHS
430 RCL 09
431 +
432 RCL 10
433 +
434 RCL 11
435 +
436 6
437 X<>Y
438 X=Y?
439 XEQ 16
440 RCL 08
441 RCL 09
442 -
443 RCL 10
444 +
445 RCL 11
446 +
447 -8
448 X<>Y
449 X=Y?
450 XEQ 17
451♦LBL 10
452 -1
453 STO 08
454 RTN
455♦LBL 11
456 -2
457 STO 09
458 RTN
459♦LBL 12
460 -3
461 STO 10
462 RTN
463♦LBL 13
464 -4
465 STO 11
466 RTN
467♦LBL 14
468 "KSA:A=MIN"
469 PRA
470 XEQ 22
471 RTN
472♦LBL 15
473 "KSC:C=MIN"
474 PRA
475 XEQ 23
476 RTN
477♦LBL 16
478 "DK:D=MIN"
479 PRA
480 XEQ 22
481 XEQ 23
482 RTN
483♦LBL 17
484 "DS:B=MIN"
485 PRA
486 RTN
487♦LBL 22
488 "MUE=I,MUE=A"
489 PRA
490 RCL 03
491 X↑2
492 RCL 04
493 X↑2
494 +
495 RCL 05
496 RCL 02
497 -
498 X↑2
499 -
500 2
501 /
502 RCL 03
503 /
504 RCL 04
505 /
506 ACOS
507 PRX
508 RCL 03
509 X↑2
510 RCL 04
511 X↑2
512 +
513 RCL 05
514 RCL 02
515 +
516 X↑2
517 -
518 2
519 /
520 RCL 03
521 /
522 RCL 04
523 /
524 ACOS
525 PRX
526 RTN
527♦LBL 23
528 "C=AN,MUE=I=A"
529 PRA
530 RCL 02
531 X↑2
532 RCL 03
533 X↑2
534 +
535 RCL 04
536 RCL 05
537 -
538 X↑2
539 -
540 2
541 /
542 RCL 02
543 /
544 RCL 03
545 /
546 ACOS
547 PRX
548 RCL 02
549 X↑2
550 RCL 03
551 X↑2
552 +
553 RCL 04
554 RCL 05
555 +
```

Tabelle 4.1 (Fortsetzung)

```
556 X↑2
557 -
558 2
559 /
560 RCL 02
561 /
562 RCL 03
563 /
564 ACOS
565 PRX
566 STOP
567♦LBL 31
568 "============="
569 PRA
570 "PAKO-A"
571 PRA
572 "GVI+AIIIEIII"
573 PRA
574 "GA-A,A/O-A"
575 PRA
576 RCL 49
577 RCL 01
578 -
579 PRX
580 RCL 22
581 PRX
582 "X/E,Y/E,EP,EA"
583 PRA
584 RCL 33
585 RCL 40
586 -
587 STO 55
588 PRX
589 RCL 34
590 RCL 41
591 -
592 PRX
593 RCL 34
594 -
595 RCL 55
596 RCL 33
597 -
598 R-P
599 PRX
600 RCL 28
601 PRX
602 "-------------"
603 PRA
604♦LBL 32
605 "------------"
606 PRA
607 "PAKO-B"
608 PRA
609 "GVI+CIIFII"
610 PRA
611 "GA-B,B/OB"
612 PRA
613 RCL 42
614 RCL 21
615 -
616 PRX
617 RCL 14
618 PRX
619 "X/E,Y/E,EP,EB"
620 PRA
621 RCL 33
622 RCL 40
623 -
624 RCL 05
625 +
626 STO 55
627 PRX
628 RCL 34
629 RCL 41
630 -
631 STO 56
632 PRX
633 RCL 34
634 -
635 RCL 55
636 RCL 33
637 -
638 R-P
639 PRX
640 RCL 38
641 RCL 40
642 -
643 RCL 05
644 +
645 STO 57
646 RCL 39
647 RCL 41
648 -
649 RCL 56
650 -
651 RCL 57
652 RCL 55
653 -
654 R-P
655 PRX
656♦LBL 33
657 "------------"
658 PRA
659 "PAKO-C"
660 PRA
661 "GVII+CIIIFIII"
662 PRA
663 "GA-B,B/OB"
664 PRA
665 RCL 50
666 RCL 45
667 -
668 PRX
669 RCL 24
670 PRX
671 "X/E,Y/E,EP,EB"
672 PRA
673 RCL 50
674 RCL 24
675 P-R
676 STO 55
677 X<>Y
678 STO 56
679 RCL 33
680 RCL 43
681 -
682 STO 57
683 PRX
684 RCL 34
685 PRX
686 RCL 05
687 PRX
688 RCL 34
689 RCL 56
690 -
691 RCL 57
692 RCL 55
693 -
694 R-P
695 PRX
696♦LBL 34
697 "-----------"
698 PRA
699 "PAKO-D"
700 PRA
701 "GVII+CIFI"
702 PRA
703 "GA-B,B/OB"
704 PRA
705 RCL 21
706 RCL 42
707 -
708 PRX
709 RCL 21
710 RCL 04
711 PRX
712 P-R
713 RCL 40
714 +
715 STO 55
716 X<>Y
717 RCL 41
718 +
719 STO 56
720 "X/E,Y/E,EP,EB"
721 PRA
722 RCL 33
723 RCL 40
724 +
725 RCL 05
726 -
727 STO 57
728 PRX
729 RCL 34
730 RCL 41
731 +
732 STO 58
733 PRX
734 RCL 34
735 -
736 RCL 57
737 RCL 33
738 -
739 R-P
740 PRX
741 RCL 58
742 RCL 56
743 -
744 RCL 57
745 RCL 55
746 -
747 R-P
748 PRX
749♦LBL 35
750 "------------"
751 PRA
752 "PAKO-E"
753 PRA
754 "GVIII+AI"
755 PRA
756 "GA-B,A/OA"
757 PRA
758 RCL 01
759 RCL 49
760 -
761 PRX
762 RCL 02
763 PRX
764 "X/E,Y/E,EP,EB"
765 PRA
766 RCL 33
767 RCL 40
768 +
769 PRX
770 RCL 34
771 RCL 41
772 +
773 PRX
774 RCL 15
775 PRX
776 RCL 00
777 PRX
778♦LBL 36
779 "------------"
780 PRA
781 "PAKO-F"
782 PRA
783 "GVIII+AIIEII"
784 PRA
785 "GA-B,A/OA"
786 PRA
787 RCL 45
788 RCL 49
789 -
790 PRX
791 RCL 12
792 PRX
793 "X/E,Y/E,EP,EB"
794 PRA
795 RCL 40
796 RCL 33
797 +
798 PRX
799 RCL 41
800 RCL 34
801 +
802 PRX
803 RCL 15
804 PRX
805 RCL 18
806 PRX
807 "-----------"
808 PRA
809 ADV
810 STOP
811 .END.
```

Tabelle 4.2 Eingabe-Daten für gegebenes Gelenkviereck I und Ergebnis-Daten für die koppelkurvengleichen Gelenkvierecke II und III

XEQ 01

ROBERTS
PHI=I:S=I

120.0000000	φ = R01

I:A,B,C,D

24.89920000	a = R02
39.62325000	b = R03
36.52888000	c = R04
45.88508000	d = R05

I:EPS,E

42.92464000	ε = R07
59.25061100	e = R00

PSI

122.7877026	ψ_I = R21

XE,YE

20.45105114	x_E = R33
70.83992705	y_E = R34

===============

II:A,B,C,D Gelenkviereck II

59.25061100	a_{II} = R12
37.23300874	b_{II} = R13
54.62344606	c_{II} = R14
68.61423598	d_{II} = R15

II:XB0,YB0

50.24278031	$x_{B0\,II}$ = R40
46.72875352	$y_{B0\,II}$ = R41

II:EPS,E

-42.92464000	ε_{II} = R17
24.89920000	e_{II} = R18

II:PHIX,PSIX

56.27003006	φ_{II} = R45
165.7123426	ψ_{II} = R42

===============

III:A,B,C,D Gelenkviereck III

25.46703363	a_{III} = R22
37.36193192	b_{III} = R23
40.52686996	c_{III} = R24
46.93150283	d_{III} = R25

III:XB0,YB0

45.88508000	$x_{B0\,III}$ = R43
0.000000000	$y_{B0\,III}$

III:EPS,E

-41.74763791	ε_{III} = R27
54.62344606	e_{III} = R28

III:XA0,YA0

50.24278031	$x_{A0\,III}$ = R44
46.72875352	$y_{A0\,III}$ = R41

IIIPHIX,PSIX

24.67227790	φ_{III} = R49
98.01766798	ψ_{III} = R50

==============

I
KSA:A=MIN
MUE=I,MUE=A Kurbelschwinge I

31.66088559	μ_i
136.6800029	μ_a

II
DS:B=MIN Doppelschwinge

III
KSA:A=MIN
MUE=I,MUE=A Kurbelschwinge II

31.66088558	μ_i
136.6800028	μ_a

4.1 DIE KOPPELKURVENGLEICHEN GELENKVIERECKE

Die Entwurfshinweise für die Roberts'sche Konstruktion sind in den Lehrbüchern meist auf die Beweise und auf die theoretischen Grundlagen ausgerichtet. Es müssen aber meist noch besondere Oberlegungen über die Lage der Gelenke bei den abgewandelten Gelenkvierecken angestellt werden. Für den praktischen Bedarf kann es genügen, das Programm und ausreichende Bedienungs-Anweisungen zur Verfügung zu haben, dann sind die erwähnten Oberlegungen überflüssig.

Es hat sich als zweckmäßig erwiesen, sämtliche Maß-Festlegungen auf das gleiche Koordinaten-System mit dem Gestell d des Ausgangs-Gelenkvierecks als Abszisse und dem Kurbeldrehpunkt A_0 als Ursprung zu beziehen, Bild 4.1. Dieses Ausgangs-Gelenkviereck I ist mit seinen Abmessungen a, b, c, d, ε, e und einem beliebig gewählten Kurbelwinkel φ gegeben. Nach Programm, Tabelle 4.1, werden der Winkel ψ und die Koordinaten des Koppelpunktes E berechnet. In einer früheren Veröffentlichung [4.7] wurden auch noch drei koppelkurvengleiche Gelenkfünfecke berechnet, hier soll die Beschränkung auf die Gelenkvierecke gelten.

Der Rechner berechnet nun nach Aufruf mit XEQ 01 die Daten der beiden anderen Gelenkvierecke II und III nach Bild 4.2 und Bild 4.3, die in Tabelle 4.2 abzulesen sind. Neben den Abmessungen a, b, c, d, ε, e sind zur Getriebelagen-Definition die Koordinaten der Gestellpunkte A_0 und B_0 und auch die Lagenwinkel φ und ψ für die Glieder A_0A und B_0B notwendig. Die x-y-Koordinaten gelten für das bereits erwähnte Koordinaten-System. Nach Tabelle 4.2 stellt der Rechner aber auch die Struktur-Unterschiede der drei Gelenkvierecke zur Verfügung, und auch den Hinweis, ob die Gelenkvierecke umlauffähig sind. Dann gibt es immer zwei Kurbelschwingen mit umlaufender Kurbel a (Getriebe I und III) und eine umlauffähige Doppelschwinge (Getriebe II) mit umlaufender Koppel b relativ zum Gestell d [4.3]. Für die Kurbelschwingen berechnet der Rechner die Extrem-Übertragungswinkel μ_i und μ_a. Wenn das Ursprungsgetriebe eine Doppelkurbel ist (beide im Gestell als kürzestem Glied gelagerten Hebel laufen voll um), dann sind die beiden anderen Gelenkvierecke auch je eine Doppelkurbel.

In Tabelle 4.2 sind die wichtigen Daten der drei Gelenkvierecke mit ihrer Speicher-Zuordnung aufgeführt, um für eine Weiterrechnung in größerem Zusammenhang zur Verfügung zu stehen.

Das Gesamtprogramm, Tabelle 4.1, enthält noch den Zusatz (XEQ 31) für die sechsgliedrigen Getriebe mit Parallel-Koppelbewegungen, die später behandelt werden sollen. Da aber beide

Tabelle 4.3 Ergebnis-Daten für die sechsgliedrigen Getriebe mit genau übereinstimmenden Parallel-Koppelbewegungen

XEQ 31

```
PAKO-A          Gelenkviereck I +
GVI+AIIIEIII    Zweischl. aIII eIII
GA-A,A/O-A
    -95.32772210     γa
     25.46703363     AoA' = a'
X/E,Y/E,EP,EA
    -29.79172917     xE'
     24.11117353     yE'
     68.61423598     eP
     54.62344606     eA
-------------

-------------
PAKO-B          Gelenkviereck I +
GVI+CIIFII      Zweischl. cII fII
GA-B,B/OB
     42.92464000     γB
     54.62344606     BoB' = c'
X/E,Y/E,EP,EB
     16.09335083     xE'
     24.11117353     yE'
     46.93150283     ep
     25.46703362     eB
-------------
PAKO-C          Gelenkviereck II +
GVII+CIIIFIII   Zweischl. cIII fIII
GA-B,B/OB
     41.74763792     γB
     40.52686996     BoB' = c'
X/E,Y/E,EP,EB
    -25.43402886     xE'
     70.83992705     yE'
     45.88508000     ep
     36.52887998     eB
-------------
```

```
PAKO-D          Gelenkviereck II +
GVII+CIFI       Zweischl. cI fI
GA-B,B/OB
    -42.92464000     γB
     36.52888000     BoB' = c'
X/E,Y/E,EP,EB
     24.80875145     xE'
     117.5686806     yE'
     46.93150286     eP
     40.52686997     eB
-------------
PAKO-E          Gelenkviereck III +
GVIII+AI        Zweischl. aI eI
GA-B,A/OA
     95.32772210     γA
     24.89920000     AoA' = a'
X/E,Y/E,EP,EB
     70.69383145     xE'
     117.5686806     yE'
     68.61423598     ep
     59.25061100     eA
-------------
PAKO-F          Gelenkviereck III +
GVIII+AIIEII    Zweischl. aII eII
GA-B,A/OA
     31.59775216     γA
     59.25061100     AoA' = a'
X/E,Y/E,EP,EB
     70.69383145     xE'
     117.5686806     yE'
     68.61423598     ep
     24.89920000     eA
```

Teilprogramme miteinander gekoppelt sind, wurde auch der zugehörige Ergebnis-Teil als T a b e l l e 4.3 schon hier aufgeführt.

4.2 KOPPELPUNKT-GERADFÜHRUNGEN FÜR ANGENÄHERT KONSTANTE GESCHWINDIGKEIT

Eine hervorragende Bedeutung für den Getriebe-Einsatz haben seit je her Koppelpunkt-Geradführungen. L. Burmester, der als Gründer der Getriebe-Synthese angesehen werden kann, hat die Geradführung des Schreibstiftes eines Indikators für Dampfmaschinen-Diagramme zur Grundlage seiner Untersuchungen gemacht [4.8]. Schon hier kam es nicht nur auf die Genauigkeit der Geradführung allein an, sondern es wurde auch ein linearer Zusammenhang zwischen den Bewegungen des geradgeführten Punktes und den Winkeldrehungen des Antriebsgliedes gefordert. Nun ist festzustellen, daß zwar die Geradführung hinsichtlich iher Genauigkeit mit Rechnerunterstützung vielfach nachgeprüft worden ist, daß es aber für die Linearität bei Gelenkgetrieben nur spärliche Ergebnisse gibt.

Im Bild 4.4 soll die Verwendung des Haupt-Programmes der 5-Punkte-Synthese nach Tabelle 3.4 für die Berechnung einer solchen Geradführung gezeigt werden. Dieses Programm [2.7] kann auch für eine 4-Punkte-Synthese mit dem Vorzug einer zusätzlichen Entwurfsfreiheit eingesetzt werden. Man nimmt auf einer Geraden mit dem Ursprung B_0 und der angenommenen Ordinate y_{E0} vier Punkte E_1 bis E_4 symmetrisch zu B_0 so an, daß $x_{E1} = 3x_{E2}$ und damit auch $x_{13} = 2x_{12}$, ferner $x_{E1} = -x_{E4}$; $x_{E2} = -x_{E3}$ sind. Das Kennzeichen für die 4-Punkte-Berechnung ist die Koordinaten-Gleichsetzung $x_4 = x_5$ ($R_{14} = R_{15}$) und $y_4 = y_5$ ($R_{24} = R_{25}$) nach Tabelle 4.4. Mit $y_{E0} = 70$ und den Koordinaten nach Tabelle 4.4 berechnet man:

$$\psi_{14} = 2 \text{ arc tan } \frac{x_{E1}}{y_{E0}} \quad (4.1) \qquad \psi_{23} = 2 \text{ arc tan } \frac{x_{E2}}{y_{E0}} \quad (4.2)$$

Tabelle 4.4 Eingangswerte für die 4-Punkte-Geradführungs-Berechnung nach Bild 4.4 bei Verwendung des Hauptprogrammes nach Tabelle 3.4

```
XEQ 35
   |
   v
==========
GV-KOPPELK.
5 GENAUPKTE
KOORD.E-PKTE
X1,Y1,X2,Y2
      30.00000000   x1 = R11
      70.00000000   y1 = R21
      10.00000000   x2 = R12
      70.00000001   y2 = R22
X3,Y3,X4,Y4
     -10.00000000   x3 = R13
      70.00000000   y3 = R23
     -30.00000000   x4 = R14
      70.00000010   y4 = R24
X5,Y5
     -30.00000000   x5 = R15
      70.00000010   y5 = R25
```

als $\psi_{14} = 46{,}39718^0$ und $\psi_{23} = 16{,}26020^0$ und setzt $\psi_{14} = R_{17}$ und $\psi_{23} = R_{18}$ (siehe z.B. Tabelle 3.2 mit $\psi_{tw} = \psi_{14}$ und $\psi_{uv} = \psi_{23}$). Nun wählt man, Bild 4.4, z.B. $\gamma = R_{10} = 140^0$; $p = R_{19} = 1$. Mit einem eingegebenen Wert $f_1 = R_{20}$ ermittelt der Rechner nun selbständig auf dem durch γ bestimmten Strahlenbüschel $B_0 - X_0 - X_1 - X_2$ die Lage A_2 mit $E_1A_1 = E_2A_2$ und die Lage A_0 auf B_0X_0 und auf der Mittelsenkrechten von A_1A_2 und damit auch die Gliedlängen a und d und die Winkel φ_{12} und φ_{13}.

Die geforderte Linearität zwischen den x- und den φ-Werten führt zu der Vorschrift, die Distanz $f_1 = R_{20}$ so lange zu verändern, bis $\varphi_{13} = 2\,\varphi_{12}$, weil ja $x_{13} = 2x_{12}$. Dies wurde nach Tabelle 4.5 für einen Wert $f_1 = 59{,}357$ mit guter Annäherung erreicht, wie die ausgedruckten Winkel φ_{12} und φ_{13} erkennen lassen.

Mit diesen Teil-Ergebnissen, die noch auf der freien Wahl von y_{E0} und γ beruhen, gibt es nun noch eine unendlich große Zahl von Gelenkvierecken für die lineare Zuordnung der E-Punkte zu den φ-Winkeln. Deshalb kann man, Tabelle 4.5, die Koordinate $x_B = R_{49}$ innerhalb vom Rechner mit "Error" angezeigten Grenzen beliebig annehmen und erhält die Abmessungen a, b, c, d, ε, e und den Bereichsfaktor s des zugehörigen Gelenkvierecks.

In Tabelle 4.5 ist dies für $x_B = 8{,}72$; $8{,}75$; $8{,}80$; $8{,}85$ durchgerechnet worden. Dabei zeigen sich auch die Übertragungswinkel μ_m und μ_m^*, die die Umlauffähigkeit und deren Güte ausdrücken. Zur Kontrolle wird jeweils auch der Winkel $\psi_1 = R_{44}$ ausgedruckt.

Bei dieser Berechnung ist darauf hinzuweisen, daß für sämtliche abgewandelten Gelenkvierecke die Werte für a und d sowie für die φ-Winkel erhalten bleiben und lediglich eine Änderung von b, c, ε und e festzustellen ist. Die unterschiedlichen Formen der Koppelkurven in Abhängigkeit von x_B lassen Bild 4.5 bis Bild 4.8 erkennen, was gleichzeitig als ein interessanter Beitrag für die "Flexibilität" des Gelenkvierecks gewertet werden kann.

Tabelle 4.5 Gelenkviereck-Berechnung für vier Koppellagen E_1 bis E_4 auf einer Geraden bei Verwendung des Hauptprogrammes nach Tabelle 3.4

XEQ 50

```
.......
GAMMA,F1,P
        140.0000000   γ = R10
        59.35700000   F1 = R20
        1.000000000   p = R19
A,D
        24.94787916   a = R02
        45.85798279   d = R05
PHI*12,13,14
        110.4087612   φ* = R38
        46.39381044   φ12 = R39
        92.78866724   φ13 = R40
        139.1824776   φ14 = R41
PHI-M
        180.0000001   φm = R43
==========

.........
4  GENAUPKTE
XB
        8.720000000   XB = R49
MUE-M-M*
        126.7708095   μm
        30.06881874   μm*
.........
PSI-1
        117.9065747   ψ1 = R44
A,B,C,D,S
        24.94787916   a = R02
        37.54969578   b = R03
        41.62164783   c = R04
        45.85798279   d = R05
        1.000000000   s = R06
EPS.,E
        35.78321249   ε = R07
        59.26059243   e = R08
====================

.......
GAMMA,F1,P
        140.0000000
        59.35700000
        1.000000000
A,D
        24.94787916
        45.85798279
PHI*12,13,14
        110.4087612
        46.39381044
        92.78866724
        139.1824776
PHI-M
        180.0000001
==========
```

```
..........
4  GENAUPKTE
XB
        8.750000000
MUE-M-M*
        131.2295735
        31.17815149
.........
PSI-1
        117.1444978
A,B,C,D,S
        24.94787916
        38.41294793
        39.32707683
        45.85798279
        1.000000000
EPS.,E
        39.09214181
        59.26059243
====================

.......
GAMMA,F1,P
        140.0000000
        59.35700000
        1.000000000
A,D
        24.94787916
        45.85798279
PHI*12,13,14
        110.4087612
        46.39381044
        92.78866724
        139.1824776
PHI-M
        180.0000001
==========

..........
4  GENAUPKTE
XB
        8.850000000
MUE-M-M*
        146.5495718
        28.74265520
.........
PSI-1
        113.8120681
A,B,C,D,S
        24.94787916
        42.12328501
        31.74445627
        45.85798279
        1.000000000
EPS.,E
        48.96769601
        59.26059243
```

```
.......
GAMMA,F1,P
        140.0000000
        59.35700000
        1.000000000
A,D
        24.94787916
        45.85798279
PHI*12,13,14
        110.4087612
        46.39381044
        92.78866724
        139.1824776
PHI-M
        180.0000001
==========

..........
4  GENAUPKTE
XB
        8.800000000
MUE-M-M*
        138.7305877
        31.34947201
.........
PSI-1
        115.6561009
A,B,C,D,S
        24.94787916
        40.11898966
        35.52091236
        45.85798279
        1.000000000
EPS.,E
        44.25796797
        59.26059243
====================
```

Bei der überragenden Bedeutung, die den Geradführungen zukommt, die von Getrieben mit nur Drehgelenken erzeugt werden, ist es unbedingt erforderlich, deren Genauigkeit nachzuprüfen. Für den geometrischen Ausgleich der Koppelkurve an eine Gerade wurden bereits im Bild 3.6 Anhaltspunkte gegeben. Im Bild 4.9 ist dies mit der Kurve y für das Getriebe des Bildes 4.7 gezeigt [3.3]. Auch hier liegt eine vierpunktig die Gerade schneidende Koppelkurve vor, und mit y_m ist die mittlere Ordinate zwischen dem größten Maximum und dem Minimum und mit $\pm\delta y$ sind die Abweichungen von diesem Mittelwert herausgestellt. Die Begrenzung der Geradführung kommt durch die Schnittpunkte der berührenden Abszissenparallelen an die y_{min}-Stelle mit der y-Kurve selbst zustande. Die "Dauer" der Geradführung ist dann mit φ_E und der Beginn mit φ^*_E gegeben.

Nun kommt bei den hier zur Diskussion stehenden geschwindigkeitskonstanten Geradführungen noch die erzielte Genauigkeit in der Geschwindigkeits-Konstanz hinzu. Dazu dient ein Programm, das die augenblickliche Geschwindigkeit und Beschleunigung des Gelenkvierecks berechnet[4.9]; es ist neuerdings auch für den Rechner HP-41CV umgeschrieben worden. Die Koppelpunkt-Geschwindigkeit wird auf die Winkelgeschwindigkeit ω_a der Kurbel a bezogen und gilt als Längenmaß im Zeichenmaßstab. Hiermit ergibt sich im Bild 4.9 die Kurve v_E mit ihrem Mittelwert v_{Em} und wiederum den Abweichungen $\pm\delta_{vE}$. Die Dauer der Geschwindigkeitskonstanz ist im Winkelmaß durch φ_{vE} und der Beginn durch φ^*_{vE} gekennzeichnet. Es fällt auf, daß die Konstanzdauer geringer als die der geometrischen Geradführung ist, so daß es zweckdienlich ist, die Dauer in Abhängigkeit vom jeweiligen Verwendungszweck zu definieren.

Die im Bild 4.9 angegebenen Kennwerte sind in Tabelle 4.6 für die Gelenkvierecke nach den Bildern 4.5 bis 4.8 zum Vergleich zusammengestellt worden. Die Länge L_0 gilt für die x-Koordinaten-Differenz entsprechend dem Differenzwinkel φ_E nach Bild 4.9. Es leuchtet ein, daß die prozentuale Geschwindigkeit $\delta y\%$ gegenüber derjenigen bei sechspunktig eine Gerade schneidenden Geradführungen reduziert werden muß. Es ist grundsätzlich noch die Frage zu klären, ob es für das Gelenkviereck

Tabelle 4.6 Kennwerte-Vergleich der vier Geradführungs-Gelenkvierecke nach den Bildern 4.5 bis 4.8. Bezeichnungen in Übereinstimmung mit Bild 4.9

		Koppelpunkt-Geschwindigkeit						Abweichung: Geradführung						
y_B	Bild	v_{Em}	$\pm\delta_{VE}$	$\pm\delta_{VE}$ %	φ^*_{VE}	φ_{VE}	y_{Em}	L^*	L_0	$\pm\delta_y$	$\pm\delta_y$ %	φ^*_E	φ_E
8,72	4.5	25,0341	0,504	2,014	125	110	40,597	67,0	63,8	0,577	0,904	105	150
8,75	4.6	24,964	0,509	2,037	125	110	40,65	67,0	64	0,589	0,921	105	150
8,80	4.7	25,130	0,770	3,064	125	110	40,56	67,0	65,6	0,843	1,285	105	153
8,85	4.8	25,385	1,169	4,604	115	120	40,56	67,0	65,2	1,111	1,703	105	155

überhaupt sechspunktig schneidende und gute geschwindigkeitskonstante Koppelkurven geben kann, bzw. wie dies auf Kosten der Geschwindigkeitskonstanz getrieben werden kann. Da die hier gezeigte Konstruktion für geschwindigkeitskonstante Geradführungen nicht die einzige Art für diesen Zweck ist und bisher Vergleichswerte fehlen, kann nur vermutet werden, daß die Angaben nach Tabelle 4.6 entsprechenden Vergleichen die Waage halten können. Es ist zu bemerken, daß das Gelenkviereck mit y_B = 8,72 für beide Genauigkeiten die günstigsten Werte liefert, daß aber auch die Koppelkurvenform, die in Kennwerten schwierig zu definieren ist, zu Vergleichen herangezogen werden sollte.

4.3 EINSATZMÖGLICHKEITEN FÜR GESCHWINDIGKEITSKONSTANTE KOPPELPUNKT-GERADFÜHRUNGEN

Wenn von einem einfachen Getriebe - wie dem Gelenkviereck - Koppelkurven erzeugt werden können, die teilweise mit einer Geraden übereinstimmen, und wenn außerdem der Koppelpunkt auf dieser Geraden mit konstanter Geschwindigkeit bewegt wird, muß darauf hingewiesen werden, daß in der Fertigungs-, Verarbeitungs-, Handhabungstechnik zu einem großen Teil geradlinige (oder kreisförmige) Bewegungen mit konstanter Geschwindigkeit verwendet werden. Es ist damit festzustellen, daß für Gelenkgetriebe hier noch weite Anwendungsbereiche offenstehen, zumal bei Berücksichtigung der leicht überschaubaren Übertragungsgüte mit Verklemmungen nicht gerechnet zu werden braucht. Die Reibungsverluste in den Drehgelenken sind gegenüber denen in Schubgelenken vernachlässigbar gering, so daß ihrem Einsatz nur

Tabelle 4.7 Berechnung der koppelkurvengleichen Gelenkvierecke II und III für gegebenes Gelenkviereck I. Bezeichnungen und Speicherbelegungen in Übereinstimmung mit Tabelle 4.2

XEQ 01

		III:A,B,C,D	
ROBERTS		25.75853113	
PHI=I:S=I		36.67512260	
120.0000000	II:A,B,C,D	41.42260900	I
I:A,B,C,D	59.26059243	47.34808397	KSA:A=MIN
24.94787916	36.85103018	III:XBO,YBO	MUE=I,MUE=A
40.11898966	52.46867699	45.85798279	31.34947201
35.52091236	67.73777830	0.000000000	138.7305877
45.85798279	II:XBO,YBO	III:EPS,E	----------
I:EPS,E	48.51412851	-42.52614951	II
44.25796797	47.27352266	52.46867699	DS:B=MIN
59.26059243	II:EPS,E	III:XAO,YAO	------------
PSI	-44.25796797	48.51412851	III
122.5112281	24.94787916	47.27352266	KSA:A=MIN
XE,YE	II:PHIX,PSIX	IIIPHIX,PSIX	MUE=I,MUE=A
20.43309852	56.26904832	26.78411752	31.34947202
70.88982180	166.7691961	98.79519782	136.7305878
==============	==============	==============	

noch hohe Genauigkeitsansprüche im Wege stehen können. Diese so weit wie möglich zu erfüllen bleibt eine wichtige Aufgabe, wie schon die vorangegangenen Betrachtungen gezeigt haben.

Das Getriebe nach Bild 4.10 entspricht dem Getriebe I nach Tabelle 4.7. Mit seinem konstant und geradlinig bewegten Koppelpunkt E tritt relativ zu einem auf einem Transportband mit gleichmäßiger Geschwindigkeit laufenden Werkstück W ein Ruhezustand ein. Dadurch ergibt sich die willkommene Möglichkeit, die üblicherweise als Leerzeit angesehene Transportzeit für zusätzliche Arbeitsgänge auszunutzen! Die Frage, ob z.B. hierbei ein Loch gebohrt werden kann, müßte zunächst wegen im Vorangegangenen berechneter Abweichungen verneint werden. Es besteht aber keine Bruchgefahr für den Bohrer, wenn er nur zum Anbohren genau fixiert wird und danach z.B. mit Hilfe einer Oldham-Kupplung in geringen Grenzen ausweichen kann. Daneben gibt es noch mannigfaltige Arbeitsgänge, z.B. den Einschraubvorgang, bei denen diese Abweichungen ohne weiteres in Kauf genommen werden können. Hinzu kommen noch Montagearbeiten wie das Fügen mehrerer Teile auf dem Transportband, bewerkstelligt durch ein gestellfest angeordnetes Getriebe!

Im Bild 4.11 wird gezeigt, daß für denselben Arbeitsgang mit umlaufender Kurbel a auch das Getriebe III nach Tabelle 4.7 ohne irgendwelche Einschränkungen verwendet werden kann. Wichtig ist hierbei der Raumbedarfsvergleich zwischen den Bildern 4.10 und 4.11, der erkennen läßt, wie weit man sich an andere, bereits vorhandene Baugruppen anpassen kann. In beiden Fällen wird auch auf die unterschiedliche Einordnung der beiden Achsenkreuze im x-y- und x'-y'-System hingewiesen, beide durch den Winkel γ zueinander verdreht. Das erstere gilt mit den Koordinaten nach Tabelle 4.7 für die Koppelkurven-Gleichheit, das zweite für die Synthese, deren Ergebnisse aus Tabelle 4.5 abzulesen sind.

Im Bild 4.12 ist das Getriebe II nach Tabelle 4.7 aufgezeichnet. Während die Getriebe I und III Kurbelschwingen sind, bei denen die im Gestell gelagerte Kurbel a umlaufendes Antriebsglied ist, liegt hier eine umlauffähige Doppelschwinge vor, deren Koppelglied b voll umläuft und die beiden im Gestell $A_0B_0 = d$ gelagerten Glieder $A_0A = a$ und $B_0B = c$ nur hin und her schwingen. Die Koppelkurve k_E ist in jedem Falle kongruent mit denen der Bilder 4.10 und 4.11. Die Abmessungen der Doppelschwinge, Bild 4.12, sind auf das x-y-Achsenkreuz entsprechend Tabelle 4.7 bezogen. Es ist jedoch wichtig, daß die Winkeldrehungen der Koppel b relativ zum Gestell d, die ja immer nur augenblicklich um den zugehörigen Momentanpol dreht, identisch sind mit denjenigen der Kurbeln a in den Bildern 4.10 und 4.11 [4.3]. Man kann diese Koppel trotz ihrer dauernden Verschiebungen vom Gestell d aus mit konstanter Winkelgeschwindigkeit antreiben, z.B. mit Hilfe einer mit der Koppel in Verbindung stehender Oldham-Kupplung oder mit einer das Gelenk A oder B antreibenden Gelenkwelle [4.10].

Nach Bild 4.12 wandert der Koppelpunkt E auf dem Geradenstück der Koppelkurve k_E. In drei beliebig gewählten Lagen nimmt die Koppel die Stellungen E_1B_1, E_2B_2, E_3B_3 ein. Die Parallelen zu E_2B_2 und E_3B_3 durch E_1 ergeben dann mit E_1B_1 die Winkel β_{12} und β_{13}, deren Differenzen gleich groß sein müssen, was also die konstante Antriebs-Winkelgeschwindigkeit kennzeichnet.

Wenn man einen Radius E_1G_1 annimmt und dessen Schnittpunkte G_2 und G_3 mit dem β_{12}- und β_{13}-Strahl so weit parallel zu k_E verschiebt, daß sie B_2E_2 und B_3E_3 in H_2 und H_3 schneiden, so geben die Strecken G_2H_2 und G_3H_3 die Differenzwege an, die der Koppelpunkt G zurückgelegt hat.

Wenn also entsprechend Bild 4.13 auf der Koppel b ein Kreissegment mit E als Mittelpunkt und EG als Radius angeordnet wird, rollt dieses auf einem bandförmigen Werkstück W ohne zu gleiten (in Grenzen der berechneten Abweichungen!) ab, wenn sich das Werkstück mit einer den g-Strecken entsprechenden Geschwindigkeit bewegt. Damit kann also z.B. ein Etikettier- oder Druckvorgang erledigt werden. Es ist hinzuzufügen, daß dieses Abrollen nur für den geradlinigen Koppelkurven-Teil gelten kann. In der Restperiode läuft die Koppel b und mit ihr das Segment weiter um, und in dieser Zeit kann für ein neues Einfärben bzw. Material-Beschicken gesorgt werden. Auch hier ist zu beachten, daß sich alle diese Vorgänge mit einem Getriebe mit nur vier Drehgelenken abspielen.

4.4 EXAKTE PARALLEL-KOPPELBEWEGUNGEN MIT SECHSGLIEDRIGEN GELENKGETRIEBEN

Von den 10 sechsgliedrigen zwangsläufigen Gelenkgetrieben [4.6] gibt es nur ein einziges mit einer höheren Koppelebene, die während der gesamten Bewegungsperiode eine genaue Parallelführung durchläuft. Jede beliebige Gerade dieser Ebene bleibt sich selbst parallel bis zu dem Sonderfall, daß sie sich in sich selbst verschiebt. Der Pol dieser höheren Koppelebene liegt immer im Unendlichen [4.6], und jeder beliebige Punkt der Koppelebene beschreibt die gleiche kongruente und lagegenaue Koppelkurve. Diese Getriebe entstehen aus sechsfach möglichen Kombinationen aus den drei koppelkurvengleichen Getrieben I, II, III der Bilder 4.1, 4.2, 4.3, und aus diesem Grunde war es zweckmäßig, diese beiden Getriebegruppen in nur einem Programm, Tabelle 4.1, unterzubringen.

Es ist z.B. ein Gelenkviereck mit allen seinen Abmessungen gegeben, und daraus sind zuerst die beiden anderen koppelkurvengleichen Gelenkvierecke II und III mit XEQ zu berechnen. Mit XEQ 31, Tabelle 4.2, werden dann automatisch und ohne Unterbrechung die sechs sechsgliedrigen Getriebe für Parallel-Koppelbewegungen berechnet und ausgedruckt, Tabelle 4.3. Diese sechs Variationen sind als Getriebe A bis F in Bild 4.14 bis Bild 4.19 dargestellt.

Jedes der drei Gelenkvierecke I, II, III kann zweimal durch je einen Zweischlag aus den beiden anderen Gelenkvierecke zusammengesetzt werden in der Weise, daß ein sechsgliedriges Getriebe mit der Parallel-Koppelbewegung zustandekommt. Die Kombinationen wurden sowohl in den Bildunterschriften, Bilder 4.14 bis 4.19 als auch in Tabelle 4.3 als "PAKO-A" bis "PAKO-F" zusammengestellt.

Für jedes sechsgliedrige Getriebe werden in Tabelle 4.3 im x-y-Koordinatensystem der Tabelle 4.2 die notwendigen Daten zur Verfügung gestellt. Die rechnerischen Grundlagen hierfür wurden bereits in einer früheren Arbeit [4.6] bekanntgegeben. Im Bild 4.14 ist das Grund-Gelenkviereck I für einen beliebigen Kurbelwinkel φ aufgezeichnet. Im Punkt A_0 wird der Zweischlag a'-e_A des Gelenkvierecks III genau winkelgleich angelenkt. Damit sind sofort die Koordinaten des Punktes E', der Winkel γ_A und die Koppelstrecke e_P bestimmt, und diese Koppelstrecke $EE'=e_P$ (in allen Fällen mit Doppelstrichen gekennzeichnet) beschreibt die erwähnte Parallelbewegung, jeder Punkt der durch sie definierten Ebene beschreibt genau die winkelgleiche Koppelkurve k_E des Punktes E im Grund-Gelenkviereck.

Als Zusatz-Zweischläge werden aus einem der drei Gelenkvierecke I, II, III entweder die Kombination aus a-e oder aus c-f eingesetzt, wie z.B. im Getriebe D mit dem Gelenkviereck II der Zweischlag $c_{II}f_{II}$ aus dem Gelenkviereck II. Bei allen diesen sechsgliedrigen Getrieben ist außer auf den Übertragungswinkel im Gelenkviereck (zwischen b und c) noch auf den Übertragungswinkel μ_E im Zusatz-Zweischlag zu achten. Er hat immer

E' als Schnittpunkt. Da er im sechsgliedrigen Gesamtgetriebe insbesondere auch für nichtumlauffähige Getriebe ein wichtiger Kennwert und seine Berechnung im Zusammenhang mit anderen Daten nicht mehr ganz einfach ist, soll das Gesamt-Bewegungs-Spektrum dieser "Stephenson'schen" kinematischen Kette in einem Universalprogramm genauso automatisch vom Rechner erstellt werden, wie dies schon für die "Watt'sche" Kette geschehen ist [4.11]. Da nach Tabelle 4.3 die Maße für den Zweischlag mit μ_E festliegen, kann er für jede beliebige Zwischenstellung mit Vorgabe eines Winkels φ (Tabelle 4.2) ermittelt werden.

4.5 TAKTTRANSPORT VON WERKSTÜCKREIHEN MIT PARALLEL-KOPPELBEWEGUNGEN

In der Verarbeitungstechnik müssen oft ganze Reihen von Werkstücken oder anderen Gütern gehoben, transportiert und in eine neue Lage gesenkt werden. Wenn dies mit geringem Aufwand geschehen soll, bietet sich das hier behandelte sechsgliedrige Getriebe mit Parallel-Koppelbewegung an. Die Fördergut-Reihe bleibt immer parallel zu sich selbst, und die jeweils gebrauchten, parallelen Bahnkurven können in weiten Grenzen erzeugt werden. Nach Bild 4.20 sollen vier Punkte E_1 bis E_4 paarweise symmetrisch zueinander angenommen werden. Um eine möglichst ohne Seitenbewegungen angestrebte Gut-Aufnahme und -Abgabe zu gewährleisten, werden E_1 und E_2 sowie E_3 und E_4 auf je einer Vertikalen angenommen. Bei dieser Vier-Genaupunkt-Vorgabe sind noch genügend viele Freiheiten offen, um den Rest der Koppelkurve den praktischen Forderungen anpassen zu können. Auf der Symmetrieachse nimmt man, im Bild 4.4 schon gezeigt, einen Punkt B_0 mit den E-Entfernungen y_{14} und y_{23} beliebig in befriedigenden Grenzen an; zu große Entfernungen erfordern großen Platzbedarf, zu kleine Entfernungen führen zu ungünstigen Übertragungsverhältnissen. Dann erhält man nach den Gln. (4.1) und (4.2) die Winkel ψ_{14} und ψ_{23}, für $y_{14} = 60$ und $y_{23} = 70$; $x_{E1}=x_{E2} = 30$; $x_{E3}=x_{E4} = -30$ die Winkel $\psi_{14} = 53{,}13010^o = R_{17}$ und $\psi_{23} = 46.3972^o = R_{18}$.

Tabelle 4.8 Berechnung eines Gelenkvierecks für Werkstückreihen-Transport nach den Grundlagen des Bildes 4.20. Abruf XEQ 35: Eingangswerte, Abruf XEQ 50: Gelenkviereck-Berechnung für vier Genaupunkte. Bezeichnungen und Speicherbelegungen in Übereinstimmung mit den Tabellen 4.4 und 4.5

XEQ 35

```
GV-KOPPELK.
5 GENAUPKTE
KOORD.E-PKTE
X1,Y1,X2,Y2
        30.00000000
        60.00000000
        30.00000000
        70.00000000
X3,Y3,X4,Y4
       -30.00000000
        70.00000000
       -30.00000000
        60.00000000
X5,Y5
       -30.00000000
        60.00000000
```

XEQ 50

```
........
GAMMA,F1,P
        260.0000000
        39.00000000
        1.000000000
A,D
        18.96595696
        42.33299755
PHI*12,13,14
        66.86949110
        331.4837326
        254.7772852
        226.2610179
PHI-M
        360.0000000
==========
```

```
..........
4 GENAUPKTE
XB
        -24.00000000
MUE-M-M*
        30.34727572
        126.8686613
..........
PSI-1
        76.28706370
A,B,C,D,S
        18.96595696
        41.87279932
        26.21312664
        42.33299755
        1.000000000
EPS.,E
        -31.28697164
        105.7067035
```

Mit Benutzung des 5-Genaupunkte-Programmes nach Tabelle 3.4 für nur 4 Genaupunkte macht man nach Tabelle 3.4 die Eingabewerte $x_4=x_5$ und $y_4=y_5$ mit dem Ausdruck nach XEQ 35. Dann legt man γ, f_1 und p, eventuell nach einigen Vorversuchen, fest und erhält mit XEQ 50 zunächst die Gliedlängen a und d und die φ-Winkel für die Kurbel a. Man hat dann immer noch die freie Wahl für die Koordinate x_B ($=R_{49}$ = -24), und dies führt zu den Abmessungen des Gelenkvierecks nach Tabelle 4.8 und nach Bild 4.20. Wie bereits erwähnt, sind noch genügend viele Freiheiten offen, um den Restverlauf der Koppelkurve k_E, insbesondere oberhalb der Transportbewegung, den praktischen Forderungen gut anzupassen.

Nach Tabelle 4.9 werden nun die Grundlagen der Tabellen 4.2 und 4.3 benutzt, um mit XEQ 01 zunächst die beiden koppelkurvengleichen Gelenkvierecke und mit XEQ 31 die sechs Parallel-Koppelkurven-Getriebe zu berechnen. Im Bild 4.20 ist kenntlich gemacht, daß das Getriebe PAKO-A mit dem Gelenkviereck I als

Tabelle 4.9 Berechnung der zwei zusätzlichen koppelkurvengleichen Gelenkvierecke und der sechs sechsgliedrigen Getriebe für Parallel-Koppelbewegungen für das Grund-Gelenkviereck nach Tabelle 4.8. Abruf XEQ 01: Berechnung der koppelkurvengleichen Gelenkvierecke, Abruf XEQ 31: Berechnung der sechsgliedrigen Getriebe PAKO-A- bis PAKO-F-Bezeichnungen und Speicherbelegungen in Übereinstimmung mit den Tabellen 4.2 und 4.3

XEQ 01 ↓

```
ROBERTS
PHI=I:S=I
        68.00000000
I:A,B,C,D
        18.96595696
        41.87279932
        26.21312664
        42.33299755
I:EPS,E
       -31.28697164
        105.7067035
PSI
        77.03509831
XE,YE
        106.2277118
       -19.13768065
===============
II:A,B,C,D
        105.7067035
        47.87902461
        66.17430051
        106.8684610
II:XB0,YB0
        91.32732242
       -55.49944267
II:EPS,E
        31.28697164
        18.96595696
II:PHIX,PSIX
       -20.32842806
        45.74812681
===============
```

```
III:A,B,C,D
        33.16737188
        45.84111001
        73.22650313
        74.03129067
III:XB0,YB0
        42.33299755
        0.000000000
III:EPS,E
        17.27530230
        66.17430051
III:XA0,YA0
        91.32732242
       -55.49944267
IIIPHIX,PSIX
       -160.5622738
       -37.60373037
==============
I
KSA:A=MIN
MUE=I,MUE=A
        30.34727572
        126.8686613
-----------
II
DS:B=MIN
-------------
III
KSA:A=MIN
MUE=I,MUE=A
        30.34727568
        126.8686613
```

XEQ 31 ↓

```
PAKO-A
GVI+AIIIEIII
GA-A,A/0-A
       -228.5622738
        33.16737188
X/E,Y/E,EP,EA
        14.90038938
        36.36176202
        106.8684610
        66.17430051
============
PAKO-B
GVI+CIIFII
GA-B,B/0B
       -31.28697150
        66.17430051
X/E,Y/E,EP,EB
        57.23338693
        36.36176202
        74.03129072
        33.16737195
------------
PAKO-C
GVII+CIIIFIII
GA-B,B/0B
       -17.27530231
        73.22650313
X/E,Y/E,EP,EB
        63.89471425
       -19.13768065
        42.33299755
        26.21312665
------------
```

```
PAKO-D
GVII+CIFI
GA-B,B/0B
        31.28697150
        26.21312664
X/E,Y/E,EP,EB
        155.2220367
       -74.63712332
        74.03129074
        73.22650313
------------
PAKO-E
GVIII+AI
GA-B,A/0A
        228.5622738
        18.96595696
X/E,Y/E,EP,EB
        197.5550342
       -74.63712332
        106.8684610
        105.7067035
------------
PAKO-F
GVIII+AIIEII
GA-B,A/0A
        140.2338457
        105.7067035
X/E,Y/E,EP,EB
        197.5550342
       -74.63712332
        106.8684610
        18.96595696
```

Grundgetriebe und dem Zweischlag $a_{III}e_{III}$ des Gelenkvierecks III eingesetzt wurde. Das daraus entstehende Fördergetriebe ist in Hebelform im B i l d 4.21 dargestellt. Die Träger für die fünf in Reihe liegenden stangenförmigen Werkstücke ist mit dem Glied EE' = e_P identisch. Bei dieser Bauform ist darauf zu achten, daß die beiden in A_0 gelagerten und umlaufenden Kurbeln a und a' mit doppelter Kröpfung versehen werden müssen; eine konstruktive Maßnahme, die von anderen Anwendungen her gut bekannt ist. Der Übertragungswinkel μ_E verläuft in diesem Getriebe noch innerhalb befriedigender Grenzen.

Dieses Beispiel mit seinen vielfach sich darbietenden Konstruktions-Freiheiten zeigt deutlich, daß der Rechner zwar ein sehr nützliches Hilfsmittel für Getriebeberechnungen ist, daß aber noch sehr viele Einflüsse in die Bewegungsvorgänge zu untersuchen sind, wenn ein nach allen Seiten befriedigendes Ergebnis angestrebt wird. Wenn eine gute Getriebekonstruktion entstehen soll, bei der es auch um das Vermeiden der Kollisionsgefahr und vor allem um eine günstige Platzaufteilung geht, dann ist ersichtlich, in welchem Umfange noch eine reine Konstruktionsarbeit übrig bleibt, bei der es allerdings zweckmäßig ist, den Rechner-Dialog mehrfach zu wiederholen. Aus diesem Grund kann das Getriebe des Bildes 4.21 durchaus noch als Zufallslösung betrachtet werden. Es bleibt eine reizvolle Aufgabe, für einen bestimmten Anwendungsfall alle sich bietenden Möglichkeiten einander gegenüberzustellen, um aus solchen Vergleichen wertvolle Erkenntnisse für andere Beispiele zur Verfügung zu haben.

Für Hochgeschwindigkeits-Arbeitsgänge kommen außerdem die Auswirkungen der Massenkräfte hinzu, so daß mehr als bisher zu fordern ist, entsprechende Untersuchungen anzuschließen, die eine zumindest provisorisch abgeschlossene Konstruktion voraussetzen [4.12].

4.6 GLEICHE HANDHABUNGSVORGÄNGE FÜR MEHRERE WERKSTÜCKE

Da bei Parallel-Koppelbewegungen jeder beliebige Punkt der Koppelebene die gleiche Koppelkurve beschreibt, liegt es nahe, auch beliebig viele, genau gleichartige Abtriebsbewegungen von dieser einen Koppelebene aus zu erzwingen! Bei Verarbeitungs-, Handhabungs- und Montagevorgängen wird oft verlangt, mehrere Werkstücke gleichzeitig in derselben Weise zu bewegen oder an einem Werkstück gleichzeitig mehrere miteinander übereinstimmende Arbeiten auszuführen. Dies soll mit dem Gelenkviereck nach B i l d 4.22 vorgeführt werden, das sich gut als Rastgetriebe eignet [4.13]. Die Koppelkurve k_E hat in den Punkten E_1 bis E_4 vier Krümmungs-Extremwerte. In E_3 liegt unendlich großer Krümmungsradius vor, und die Krümmung in E_1 schmiegt sich sehr gut und lange an die Koppelkurve k_E an, der zugehörige Krümmungsmittelpunkt fällt fast mit A_0 zusammen. Zunächst werden nach Tabelle 4.10 mit XEQ 01 die beiden zugehörigen koppelkurvengleichen Gelenkvierecke II und III und danach mit XEQ 31 die sechs sechsgliedrigen Getriebe mit Parallelkoppel-Bewegung berechnet.

Im Grund-Gelenkviereck I liegt wegen $\varepsilon = 180^0$ der Koppelpunkt E auf der Koppel b, und wenn er außerhalb von B auf der Seite von A liegt, so trifft dies auch für das Gelenkviereck II zu, bei III liegt E aber zwischen A und B! Für das folgende Bei-

Tabelle 4.10 Berechnung der koppelkurvengleichen Getriebe mit Parallel-Koppelbewegungen als Rastgetriebe für das Gelenkviertel nach Bild 4.22. Bezeichnungen und Speicherbelegungen in Übereinstimmung mit den Tabellen 4.2 und 4.3

XEQ 01

```
ROBERTS
PHI=I:S=I
        -155.0000000
I:A,B,C,D
         22.59650000
         27.46500000
         47.50000000
         50.00000000
I:EPS,E
         180.0000000
         12.00000000
PSI
        -186.1270307
XE,YE
        -30.63808108
        -15.93724957
===============
II:A,B,C,D
         12.00000000
         9.872856363
         20.75368651
         21.84598580
II:XBO,YBO
        -21.84598580
         0.000000000
II:EPS,E
        -180.0000000
         22.59650000
II:PHIX,PSIX
        -147.8392594
        -6.127030745
==============
```

```
III:A,B,C,D
         32.46935636
         68.25368651
         39.46500000
         71.84598580
III:XBO,YBO
         50.00000000
         0.000000000
III:EPS,E
         0.000000000
         20.75368651
III:XAO,YAO
        -21.84598580
         0.000000000
IIIPHIX,PSIX
        -155.0000000
        -147.8392594
==============
I
KSA:A=MIN
MUE=I,MUE=A
         29.99944744
         150.0028002
----------
II
DS:B=MIN
------------
III
KSA:A=MIN
MUE=I,MUE=A
         29.99944749
         150.0028003
```

XEQ 31

```
PAKO-A
GVI+AIIIEIII
GA-A,A/O-A
         0.000000000
         32.46935636
X/E,Y/E,EP,EA
        -8.792095280
        -15.93724957
         21.84598580
         20.75368651
-------------
------------
PAKO-B
GVI+CIIFII
GA-B,B/OB
         180.0000000
         20.75368651
X/E,Y/E,EP,EB
         41.20790472
        -15.93724957
         71.84598580
         32.46935636
------------
PAKO-C
GVII+CIIIFIII
GA-B,B/OB
         0.000000000
         39.46500000
X/E,Y/E,EP,EB
        -80.63808108
        -15.93724957
         50.00000000
         47.49999999
-----------
```

```
PAKO-D
GVII+CIFI
GA-B,B/OB
        -180.0000000
         47.50000000
X/E,Y/E,EP,EB
        -102.4840669
        -15.93724957
         71.84598582
         39.46499998
------------
PAKO-E
GVIII+AI
GA-B,A/OA
         0.000000000
         22.59650000
X/E,Y/E,EP,EB
        -52.48406688
        -15.93724957
         21.84598580
         12.00000000
-----------
PAKO-F
GVIII+AIIEII
GA-B,A/OA
         7.160740600
         12.00000000
X/E,Y/E,EP,EB
        -52.48406688
        -15.93724957
         21.84598580
         22.59650000
```

spiel soll nach Tabelle 4.10 das Getriebe PAKO-D mit dem Gelenkviereck II und dem Zweischlag $c_I f_I$ aus Gelenkviereck I ausgewählt werden. Das Gelenkviereck II ist im Bild 4.23 als Doppelschwinge mit den Maßen "II" dargestellt. Im Gestell A_0B_0 = d schwingen die Hebel A_0A und B_0B hin und her, die Koppel AB läuft relativ zum Gestell um. Einige Anregungen, wie dieses Getriebe vom Gestell aus umlaufend angetrieben werden kann, werden im nachfolgenden Abschnitt gegeben.

Bild 4.24 zeigt das Gesamtgetriebe mit der Erweiterung e_P-e_B. Das Grundgetriebe nimmt gegenüber den anderen Getriebeteilen einen geringeren Raum ein, die Abstützung des Parallel-Koppelgliedes wird vom Hebelteil B_0B' vom Gestell gut gesichert, und hier kommt es darauf an, die zugehörigen Lagerungen möglichst lang auszuführen. Sämtliche Punkte F_1 bis F_4 müssen dieselbe Koppelkurve k_F (k_{F1} bis k_{F4}) beschreiben wie der Koppelpunkt E die Koppelkurve k_E im Grund-Gelenkviereck. Stellvertretend für vielfältig andere Anwendungsbeispiele soll hier eine Werkstückreihe zunächst in der gezeichneten Anfangsstellung nach der Zuführung für eine Bearbeitung während der Rastperiode bei weiterlaufendem Antriebsglied gehalten werden, um danach gleichzeitig in je einer Führung für Fügezwecke zu den Aufnahmestücken transportiert zu werden. Der Werkstückträger kehrt danach in seine Anfangsstellung zurück.

4.7 ANTRIEBSMÖGLICHKEITEN DES UMLAUFFÄHIGEN DOPPELSCHWINGGETRIEBES

Bei den vorangegangenen Betrachtungen wurden allgemeine "umlauffähige" Getriebe [4.14] untersucht, weil diese Getriebe der Anschauung am leichtesten entgegenkommen und bisher hauptsächlich verwendet wurden. Es muß aber darauf hingewiesen werden, daß auch die totalschwingenden und die durchlauffähigen Getriebe besondere Vorteile versprechen. Sie können, wie erst kürzlich gezeigt werden konnte, sogar umlaufend angetrieben werden, und aus diesen Gründen sollte ihnen künftig mehr Aufmerksamkeit gewidmet werden.

Bei der Gegenüberstellung der umlauffähigen Getriebe wurde mehrere Male die umlauffähige Doppelschwinge hervorgehoben. Sie hat gegenüber der Kurbelschwinge keine im Gestell gelagerte, gekröpfte Kurbel, sondern im Gestell gelagerte schwingende Hebel, die zweiseitig verkantungssicher gelagert werden können! Für die gezeigten Anwendungen war sie entweder die einzige oder die übertragungsgünstigere Möglichkeit zur Bildung eines Parallel-Koppelgetriebes.

Der umlaufende Antrieb mit Hilfe einer Oldham-Kupplung ist im Bild 4.25 dargestellt. Die Welle F_0 läuft im Lager d gleichmäßig mit der Führung e um, auf der der Kreuzschieber f gleitet. Die Führung g gleitet mit f und ist mit der Achse B fest verbunden. Diese wiederum ist mit der Koppel b verbunden, die von den Hebeln a und c hin und her gleitend geführt wird. Der Umlaufbewegung der Koppel b ist also eine Schwingbewegung überlagert, die aber von der Oldham-Kupplung wegen ihrer Ausgleichswirkung widerstandsfrei mitgemacht wird.

Mit mehr Raumbedarf senkrecht zur Zeichenebene verbunden ist der umlaufende Antrieb mit Benutzung einer Gelenkwelle, die zwei gleich gerichtete Kardangelenke hat und die unmittelbar eines der Gelenke A oder B antreibt, wobei natürlich durch eine Teleskopwelle für einen Ausgleich der Längendifferenzen gesorgt werden muß, wenn dieses Gelenk hin und her schwingt.

Der Antrieb der Doppelschwinge kann auch von einer umlaufenden Antriebskurbel über einen Koppelpunkt erfolgen. Es sind dabei einige im folgenden zu kennzeichnende Voraussetzungen zu berücksichtigen, u.a. muß der als Gelenk ausgebildete Koppelpunkt eine geschlossene Koppelkurve ohne Doppelpunkte beschreiben [4.15]. Nach Bild 4.26 beschreibt der zur Koppel AB zugehörige Koppelpunkt E die geschlossene ovale Koppelkurve k_E. Bei Anordnung des Drehpunktes F_0 im Innern dieser Koppelkurve und unter Berücksichtigung weiterer, später zu erörternder Voraussetzungen kann der Antrieb von der umlaufenden Kurbel F_0F über die Stange FE erfolgen.

Für diesen Koppelantrieb gilt der Übertragungswinkel μ_E, der sich mit Hilfe des augenblicklichen Poles P als Schnittpunkt von A_0A mit B_0B und dessen Verbindung mit E ergibt. Es ist $\mu_E = \sphericalangle PEF$, der Winkel zwischen Polstrahl PE, also der Normalen n (senkrecht zur Tangente t), und der Übertragungsstange EF.

Die konstruktive Gestaltung des Koppelkurven-Antriebes der Doppelschwinge kann z.B. mit Hilfe der Zapfenerweiterung nach Bild 4.27 erfolgen. Danach wird der Hebel A_0A als Lagerring eines Exzenters ausgebildet, der ein Gelenk B mit der Entfernung AB = b hat, in dem der Hebel B_0B angelenkt ist. Am Exzenter ist außerdem ein Hebelstück mit dem Gelenk E angeschweißt. Im Grundriß, Bild 4.28, ist die Hebelanordnung in Achsrichtung zu erkennen. Die Schwinghebel A_0A und B_0B können beidseitig, die Kurbel F_0F muß fliegend gelagert sein.

Eine andere konstruktive Möglichkeit des Koppelkurven-Antriebs besteht nach Bild 4.29 darin, daß man die Bewegung durch einen der Gelenkzapfen A oder B vom Koppelpunkt E auf die Doppelschwinge selbst weiterleitet. So ist z.B. die Welle A auf der einen Seite des Hebels A_0A mit der Koppel AB und auf der anderen Seite mit dem Koppelpunkt-Ansatz AE fest verbunden. Mit der Projektion von AEB, Bild 4.30, wird also das gesamte Koppeldreieck dargestellt.

Es gibt noch eine weitere Möglichkeit, das umlauffähige Doppelschwinggetriebe durch die Koppel vom Gestell aus anzutreiben, nämlich mit zusätzlichen Zahnrad- oder Kettenrad-Getrieben, deren Räder in den Gelenken des Grundgetriebes gelagert sind, eines davon in einem Gestellpunkt. Dadurch entsteht eine Bewegungs-Überlagerung mit Ausnutzung der Relativ-Hebelbewegungen. Allerdings können hierbei, wenn bestimmte Grundregeln nicht beachtet werden, bei dem im Gestellgelenk gelagerten Rad Klemmwirkungen auftreten. In dieser Richtung fehlen noch einige grundlegende Untersuchungen, nach deren klärenden Ergebnissen dann allerdings die umlauffähige Doppelschwinge mehr als bisher mit Erfolg eingesetzt werden kann.

Literaturverzeichnis

Kapitel 1

[1.1] H a i n, K., Schumny, H.: Getriebekonstruktionen mit Kleinrechnern. Wiesbaden/Braunschweig: Vieweg-Verlag 1984

Kapitel 2

[2.1] A l t, H.: Die Konstruktion der in der Getriebelehre benutzten Mittelpunktkurven. ZAMM 9 (1929), S. 423 - 425

[2.2] H a i n, K.: Grenzen der Gelenkviereck-Funktionsgetriebe mit vermehrten Entwurfsfreiheiten. Feinwerktechnik & Meßtechnik 88 (1980), H. 5, S. 242 - 250

[2.3] H a i n, K.: Formdrehen mit zwangsläufig geführten Werkzeugen. TZ f. prakt. Metallarb. 66 (1972), H. 10, S. 447 - 451

[2.4] Bewegungsgesetze für Kurvengetriebe. Richtlinie VDI 2143, Düsseldorf 1980

[2.5] H a i n, K.: Optimierungsfelder für Kurbelschwing-Gelenkvierecke. Werkstatt und Betrieb 110 (1977) H. 2, S. 87 - 94

[2.6] Getriebe für Hub- und Schwingbewegungen. Richtlinie VDI 2130, Düsseldorf 1984

[2.7] H a i n, K.: Getriebetechnik - Kinematik für AOS- und UPN-Rechner. Braunschweig/Wiesbaden: Vieweg-Verlag 1981

[2.8] Getriebekennwerte, Kennwerte für den Entwurf und die Entwicklung von Getrieben. Richtlinie VDI 2725, Düsseldorf 1983

[2.9] H a i n, K.: Der Gütegrad der Kurbelgetriebe für Abtriebs-Schwingbewegungen mit zeitweise konstanter Geschwindigkeit. Konstruktion 24 (1972), H. 4, S. 135 - 141

[2.10] H a i n, K.: Schwingbewegungen mit konstanter Geschwindigkeit im Hin- und Rückgang. dima (die Maschine) 38 (1984), Nr. 3, S. 27 - 30

[2.11] S a g n e r, H.: Der Feingangantrieb - Antriebseinheit für Positionier- und Zuführaufgaben. dima (die Maschine) 38 (1984), Nr. 3, S. 25 - 26

Kapitel 3

[3.1] H a i n, K.: Angewandte Getriebelehre, 2. Aufl. Düsseldorf: VDI-Verlag 1961; Engl. Ausgabe: Applied Kinematics, Edited by Douglas P. Adams and Thomas P. Goodman, New York, San Francisco, Toronto, London, Sydney 1967, Mc Graw-Hill Company, USA

[3.2] H a i n, K.: Der Entwurf gleichschenkliger Gelenkvierecke für gegebene symmetrische Koppelkurven. Konstruktion 18 (1966), H. 10, S. 397 - 402

[3.3] H a i n, K.: Gelenkgetriebe-Geradführungen: Praktisches Bestimmen der zulässigen Toleranzen. Maschinenmarkt 89 (1983), Nr. 27, S. 561 - 563

[3.4] H a i n, K.: Rechenprogramme für Gelenkviereck-Geradführungen. technica (Schweiz) 30 (1981), Nr. 26, S. 2471 - 2474

[3.5] D i t t r i c h, G., R. Braune und W. Franzke: Algebraische Maßsynthese ebener viergliedriger Kurbelgetr. Fortschr.-Ber., VDI-Z, Reihe 1, Nr. 109, Düsseldorf 1983

Kaptitel 4

[4.1] R o b e r t s, S.: On the three bar motion in plane space, Proc. Lond. Math. Soc. Bd. 7 (1875), S. 14 - 23

[4.2] G a s s e, Z.: Beitrag zur mehrfachen Erzeugung ebener Koppelkurven. Diss. TH Magdeburg 1973

[4.3] H a i n, K.: Die vielfache Koppelkurven-Erzeugung in Gelenkvierecken unterschiedlicher Hauptbewegungen. Forsch. Ing.-Wes. 45 (1979), Nr. 3, S. 89 - 100

[4.4] D i j k s m a n, E.A.: Six-Bar Cognate of Watt's Form. Trans ASME, J. Engg. Ind. 93 B (1970), pp. 183 - 190

[4.5] D i j k s m a n, E.A.: Six-Bar Cognate of Stephenson Mechanism. Jnl. Mechanismus, Vol. 6 (1971), pp. 31 - 57

[4.6] H a i n, K.: Erzeugung von Parallel-Koppelbewegungen mit Anwendungen in der Landtechnik. Grundlagen der Landtechnik, Nr. 20 (1964), S. 58 - 68

[4.7] H a i n, K.: Der Kleinrechner als Informationsträger für Getriebekonstruktionen mit koppelkurvengleichen Getrieben. Taschenrechner u. Mikrocomputer, Jahrbuch 1983, S. 33 - 38 Braunschweig/Wiesbaden: Vieweg-Verlag 1982

[4.8] B u r m e s t e r, L.: Lehrbuch der Kinematik. Leipzig 1888

[4.9] H a i n, K.: Rechenprogramm für Krümmungen und Beschleunigungen der Gelenkviereck-Koppelpunkte. Konstruktion 28 (1976), H. 11, S. 417 - 422

[4.10] H a i n, K.: Getriebe-Atlas für verstellbare Schwing-Dreh-Bewegung. Braunschweig: Vieweg-Verlag 1967. Lizenzausgabe Berlin: VEB-Verlag Technik 1969

[4.11] H a i n, K.: Der Rechner als Informationsspender für die Laufmöglichkeit kinematischer Ketten. Forsch. Ing.-Wes. 49 (1983), Nr. 2, S. 51 - 58

[4.12] K e r l e, H.: Getriebetechnik - Dynamik für UPN- und AOS-Rechner. Braunschweig/Wiesbaden: Vieweg-Verlag 1982

[4.13] H a i n, K.: Sechsgliedrige Gelenkgetriebe mit zwei Endrasten - enge Lösungsfelder. technica (Schweiz), 31 (1982), Nr. 22, S. 1927 - 1932

[4.14] Ebene viergliedrige Getriebe mit Dreh- und Schubgelenken, Begriffserklärungen und Systematik. Richtlinie VDI 2145, Düsseldorf 1980

[4.15] H a i n, K.: Phasenverschobene Schwingbewegungen. Maschinenmarkt 76 (1970), Nr. 11, S. 199 - 200

Bilderanhang

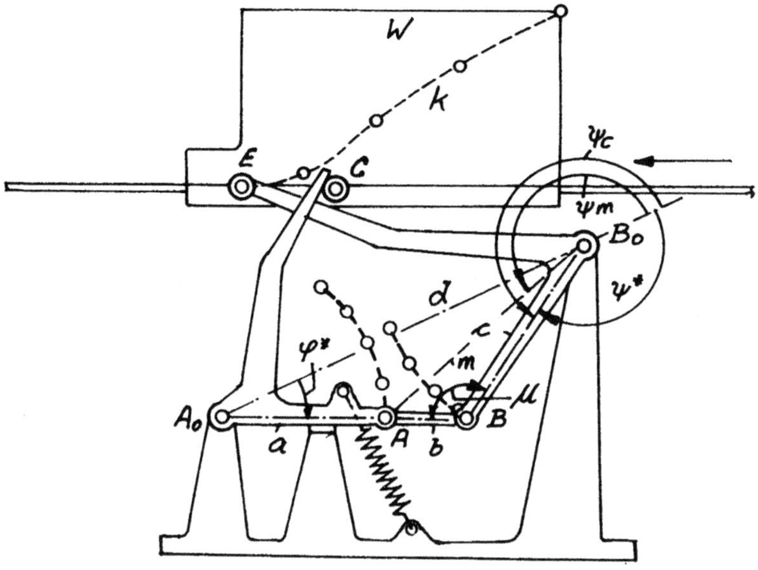

Bild 2.1 Vorrichtung zur Erzeugung einer gegebenen Kontur an dem auf einem Transportband bewegten Werkstück W

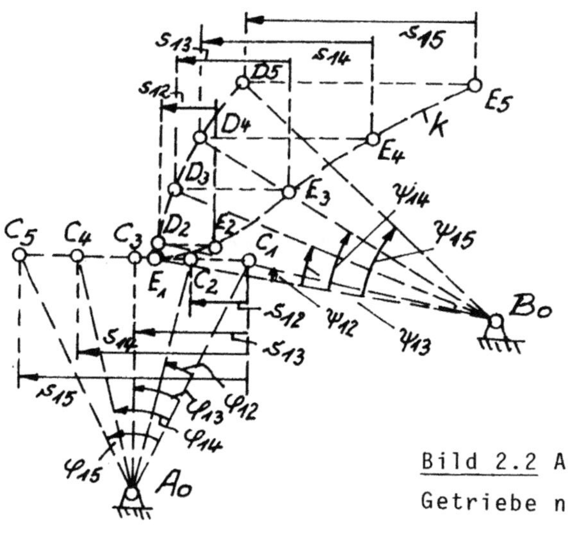

Bild 2.2 Aufgabenstellung für das Getriebe nach Bild 2.1

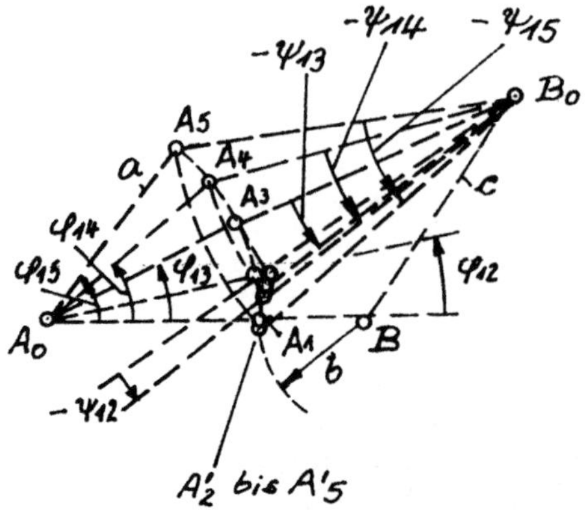

Bild 2.3 Geometrische Grundlagen für das Rechenprogramm, Tabelle 2.1

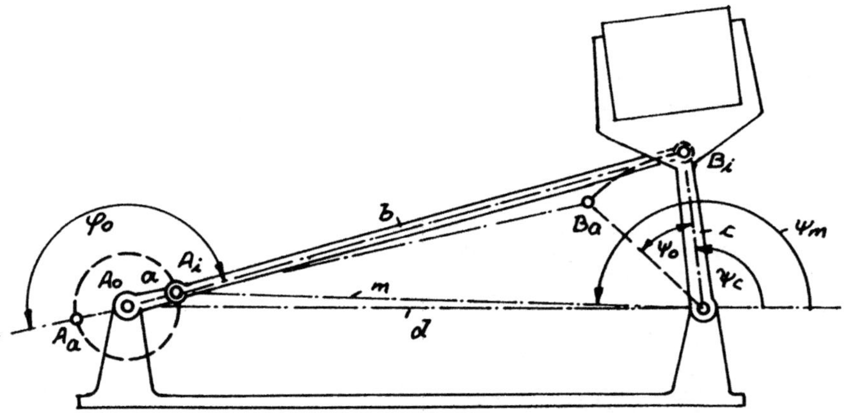

Bild 2.4 Beschleunigungsgünstiges Gelenkviereck mit gut angenähert harmonischem Bewegungsgesetz

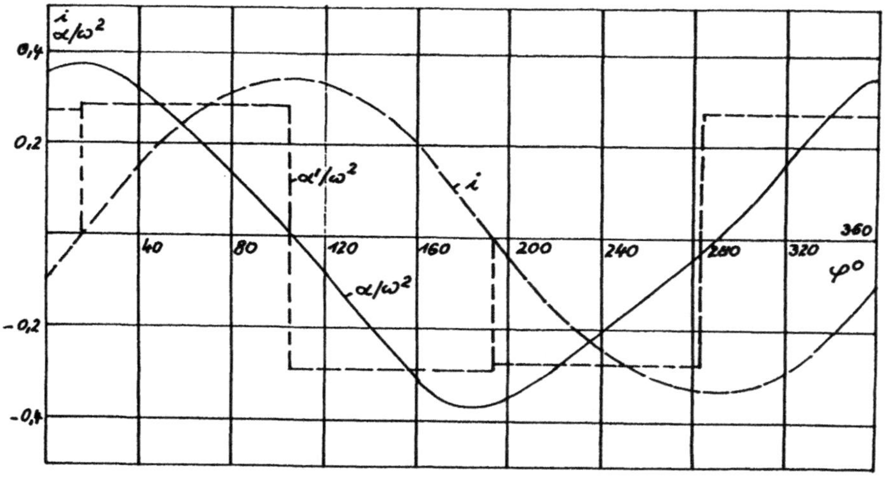

Bild 2.5 Übersetzungsverhältnis i und bezogene Beschleunigung α/ω^2 des Gelenkvierecks nach Bild 2.4 im Vergleich zur Beschleunigung α'/ω^2 nach dem Gesetz der quadratischen Parabel

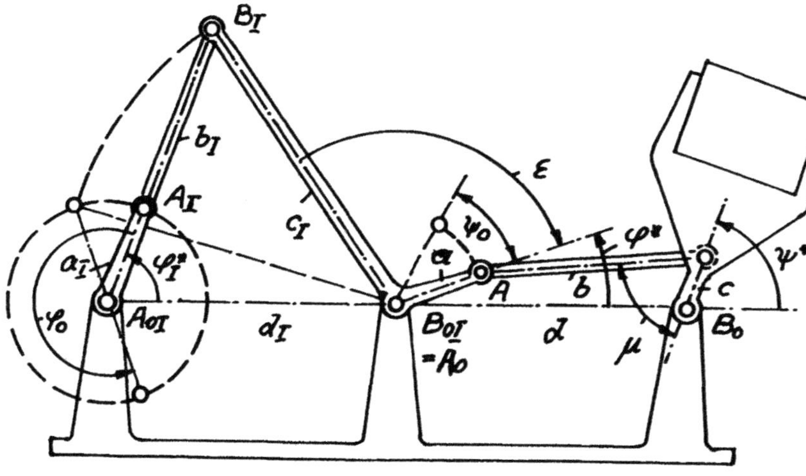

Bild 2.6 Sechsgliedriges Seriengetriebe mit beschleunigungsgünstigem Verlauf

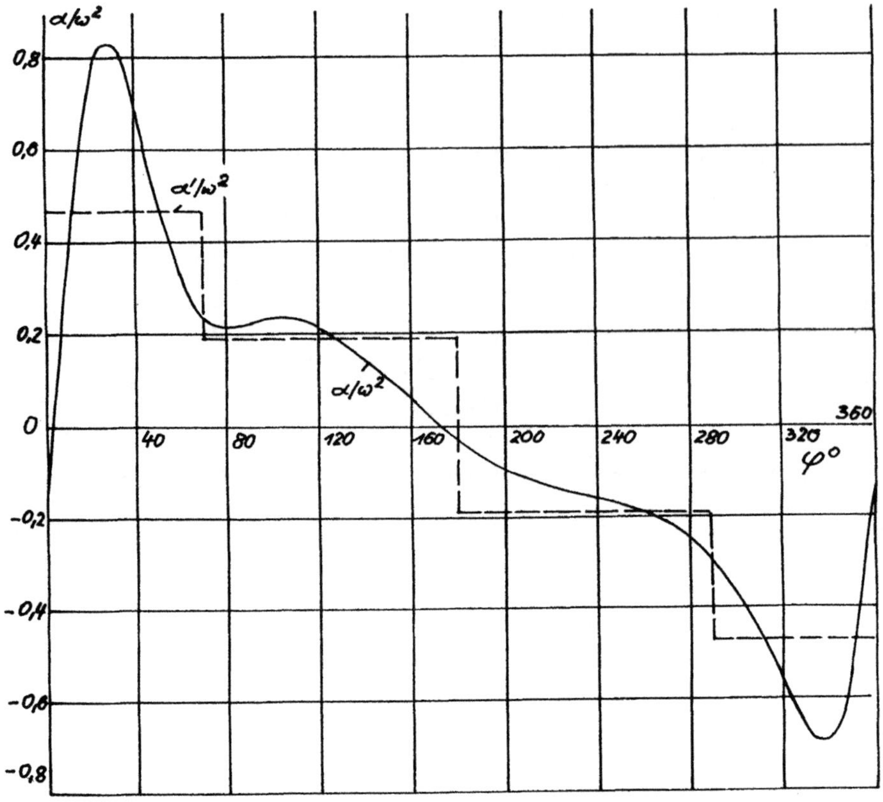

Bild 2.7 Bezogene Beschleunigung α/ω^2 des sechsgliedrigen Getriebes nach Bild 2.6 im Vergleich zur Beschleunigung α'/ω^2 der quadratischen Parabel

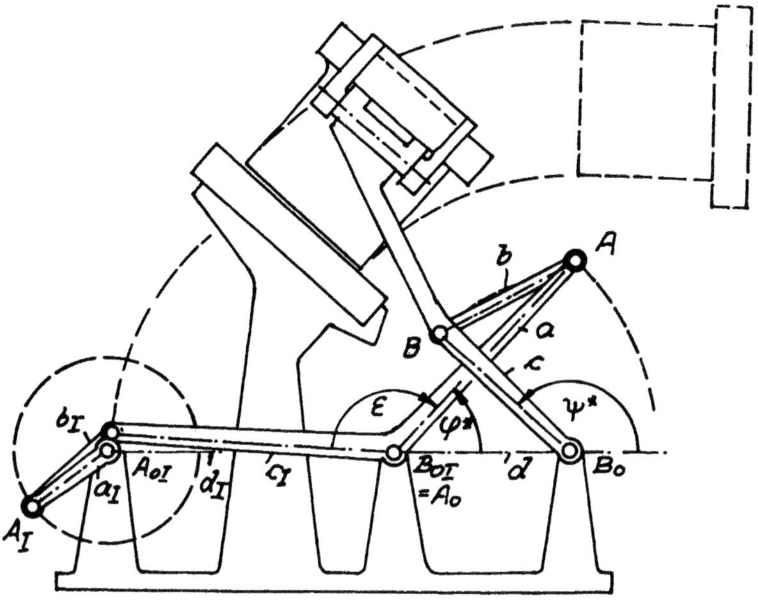

Bild 2.8 Sechsgliedriges Seriengetriebe zum sanften Anfahren eines Werkstückes an eine Bearbeitungsstation

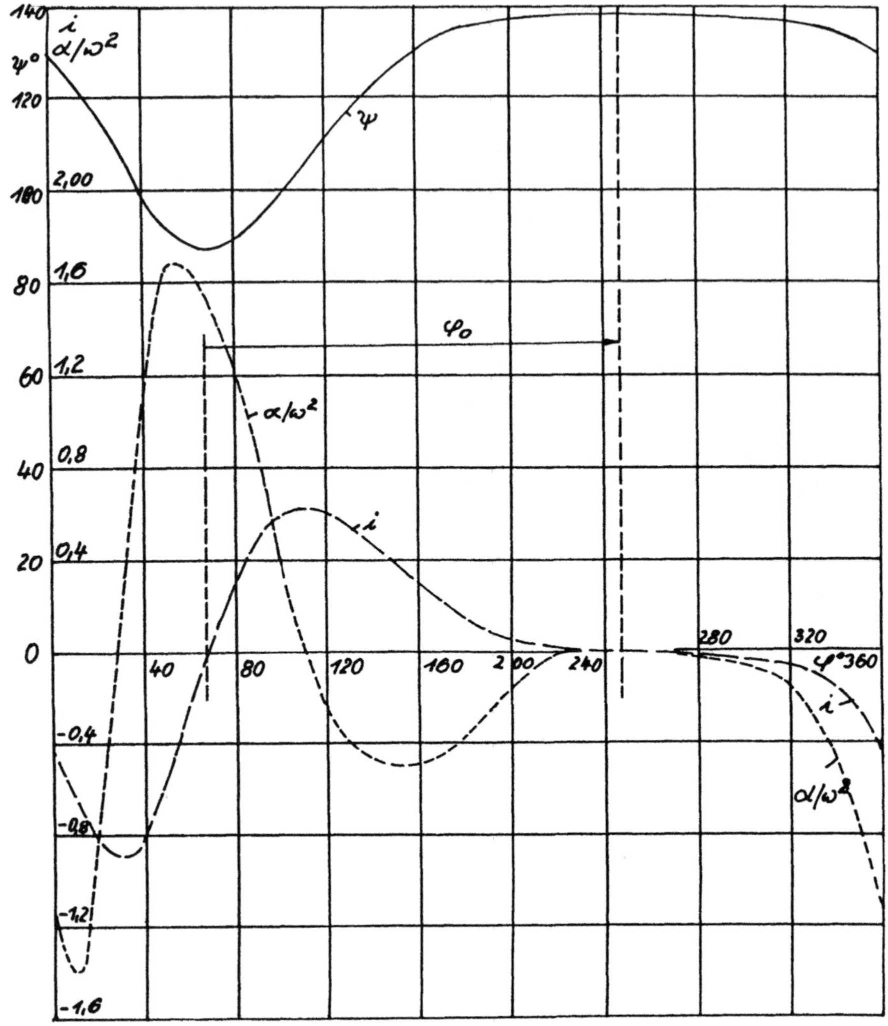

Bild 2.9 Übertragungsfunktionen ψ = Abtriebswinkel, i = Übersetzungsverhältnis, α/ω^2 = bezogene Beschleunigung des sechsgliedrigen "Anfahr-Getriebes" nach Bild 2.8

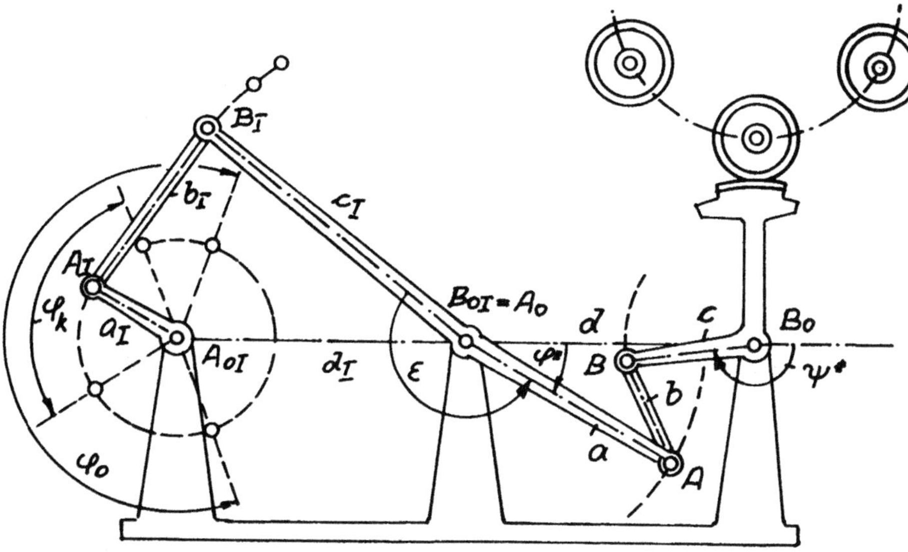

Bild 2.10 Seriengetriebe für zeitweise konstante Abtriebs-Geschwindigkeit

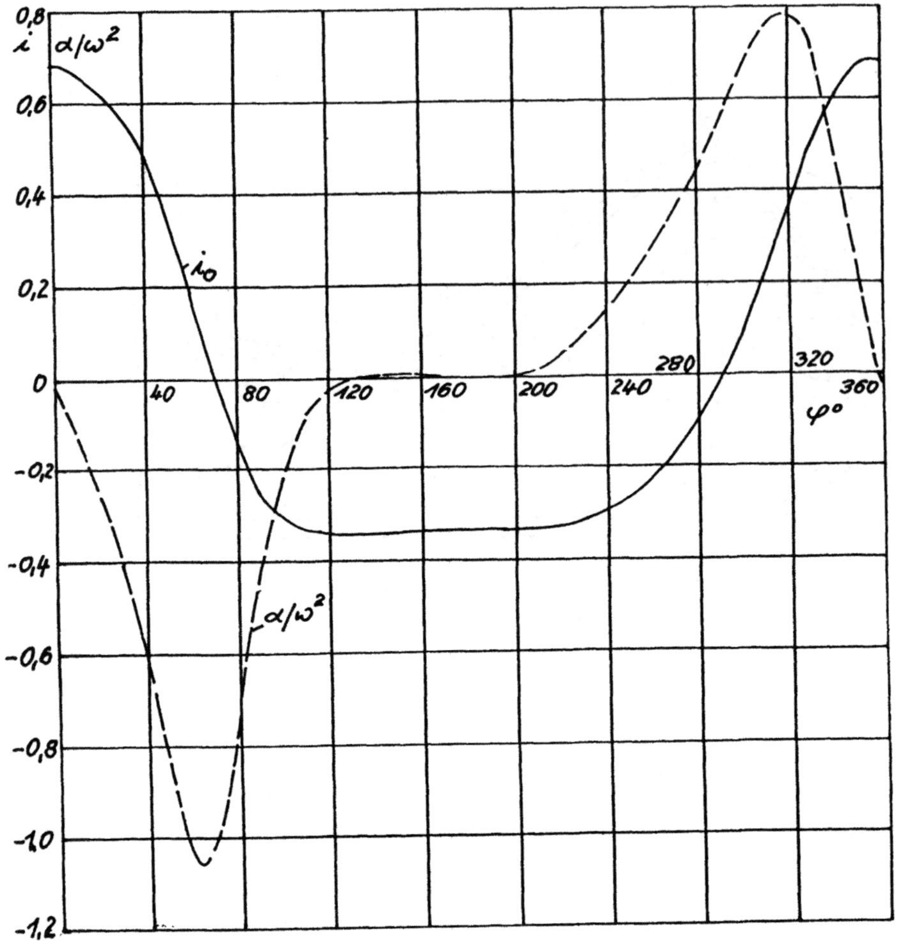

Bild 2.11 Übersetzungsverhältnis i_0 und bezogene Beschleunigung α/ω^2 im Getriebe nach Bild 2.10 mit zeitweise konstanter Abtriebs-Geschwindigkeit

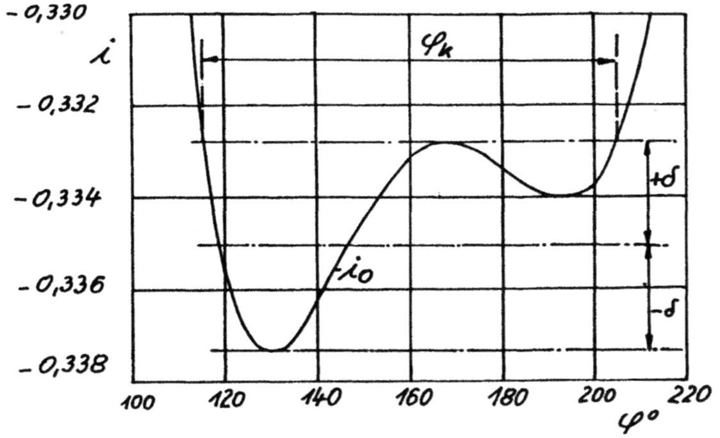

Bild 2.12 Übersetzungsverhältnis i_0 im Gesamtgetriebe nach Bild 2.10 mit stark verzerrtem Maßstab

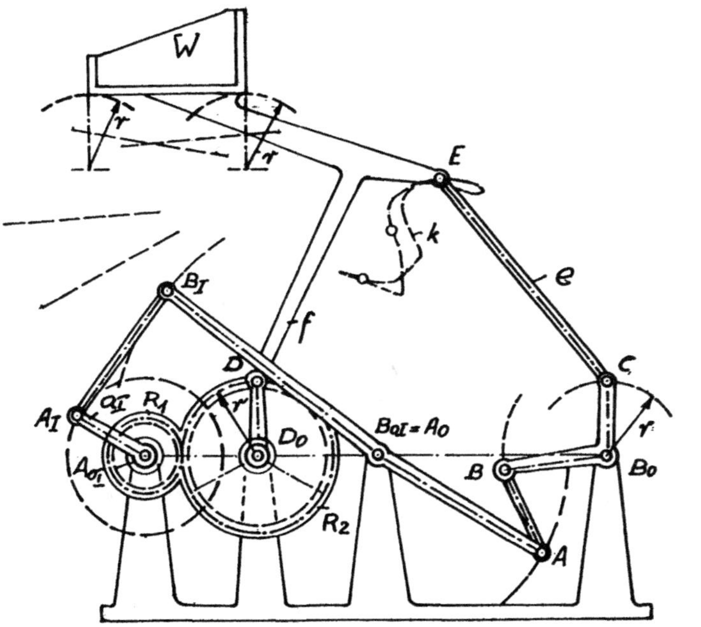

Bild 2.13 Erweitertes Getriebe mit zeitweise konstantem Übersetzungsverhältnis mit den Grundmaßen des Bildes 2.10 zur teilweisen Parallelführung einer Koppelebene

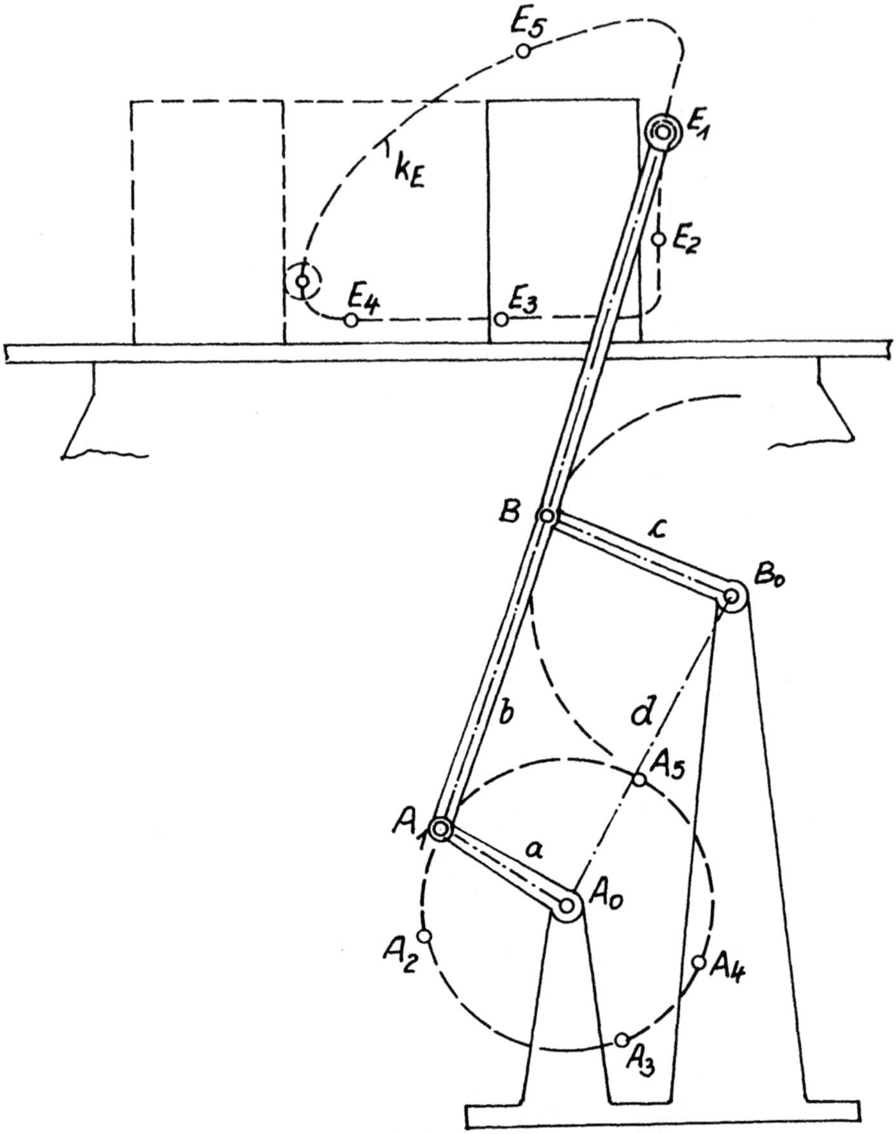

Bild 3.1 Gelenkviereck als Fördergetriebe zum Verschieben eines Werkstückes

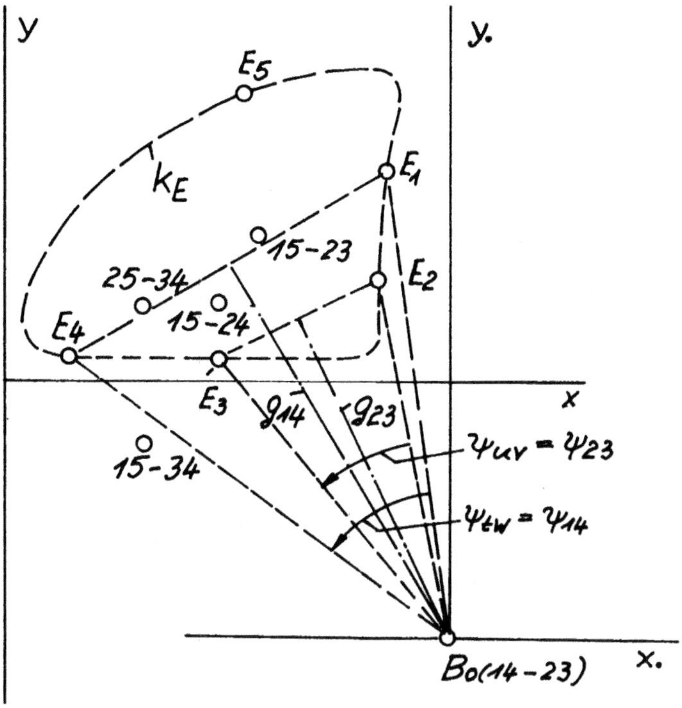

Bild 3.2 Berechnung der Koordinaten des fünffach möglichen Zentralpunktes B_0 als Schnittpunkt zweier Mittelsenkrechten nach Bild 3.1

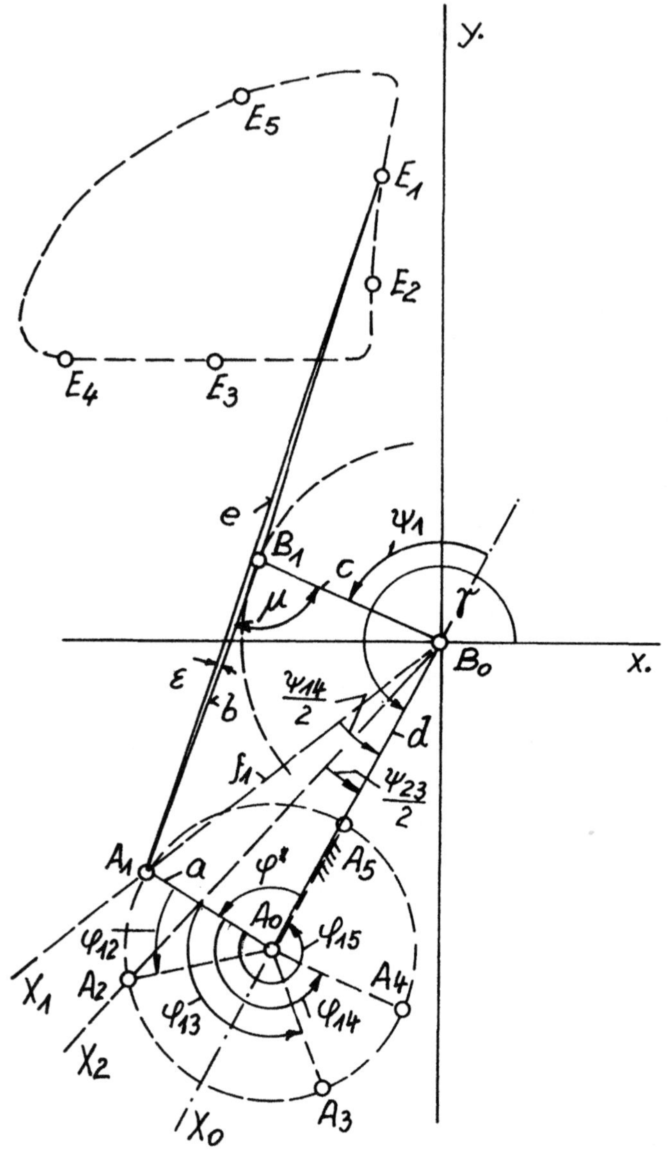

Bild 3.3 Berechnung eines Gelenkvierecks als Führungsgetriebe durch fünf gegebene Genaupunkte E_1 bis E_5

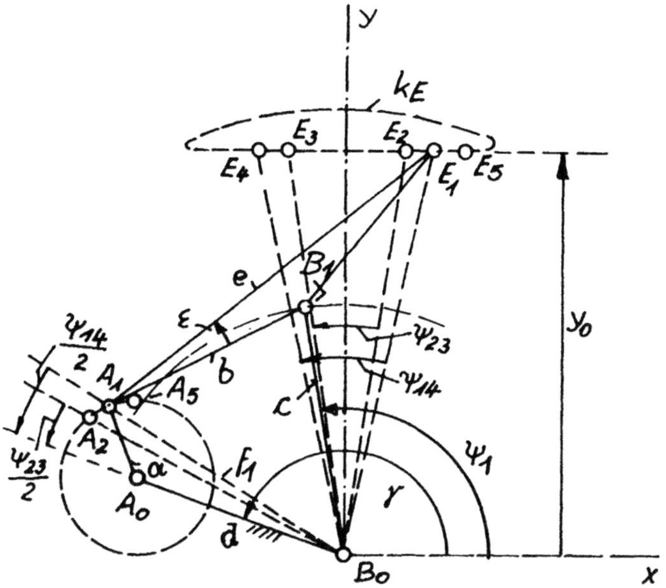

Bild 3.4 Berechnung eines Gelenkvierecks für eine Koppelkurven Geradführung mit sechspunktiger Übereinstimmung zwischen Koppelkurve und Gerader

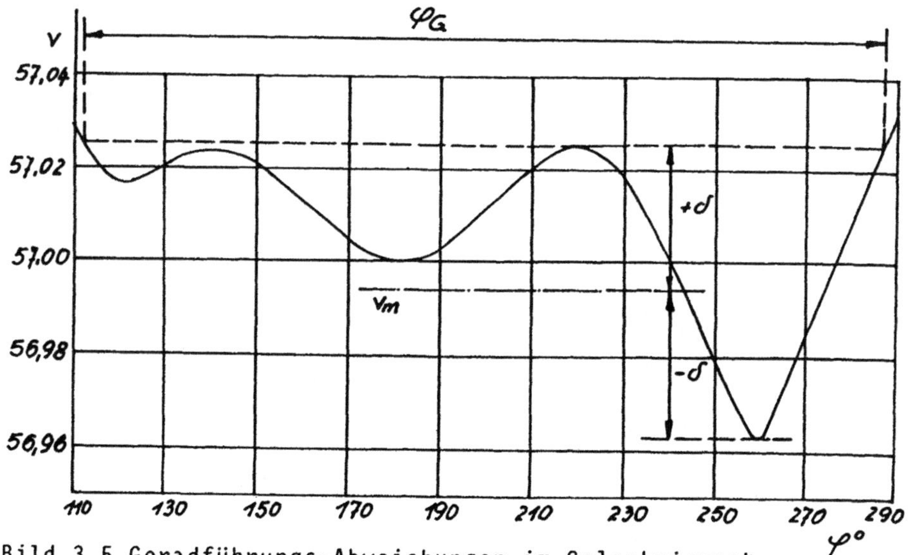

Bild 3.5 Geradführungs-Abweichungen im Gelenkviereck nach Bild 3.4

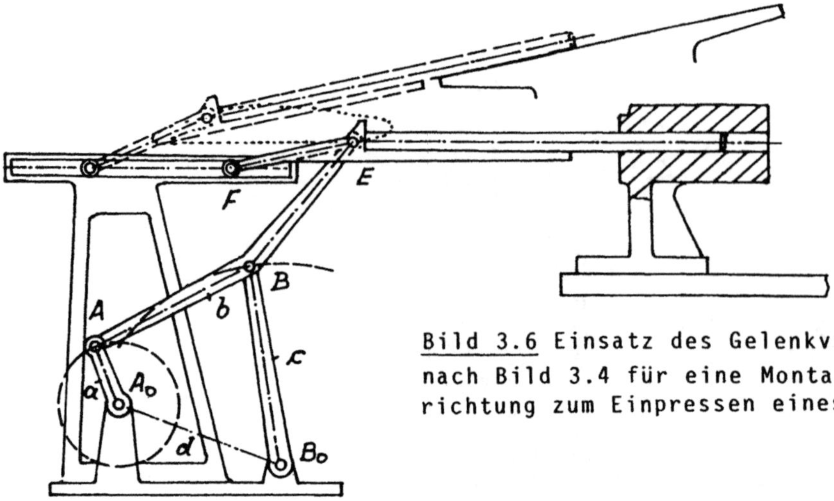

Bild 3.6 Einsatz des Gelenkvierecks nach Bild 3.4 für eine Montage-Vorrichtung zum Einpressen eines Stabes

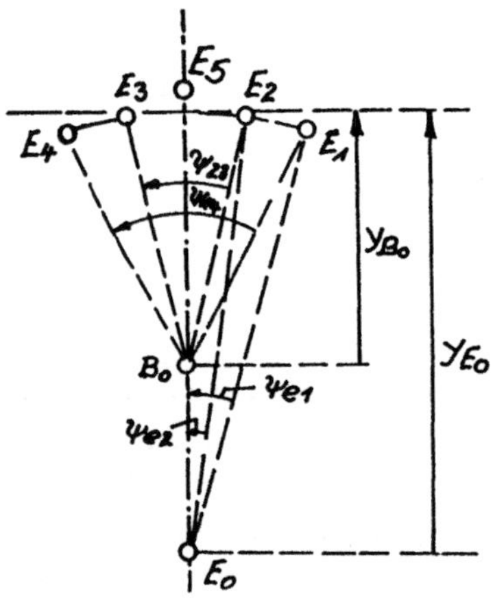

Bild 3.7

Punktlagenreduktion für eine kreisförmige Teil-Koppelkurve

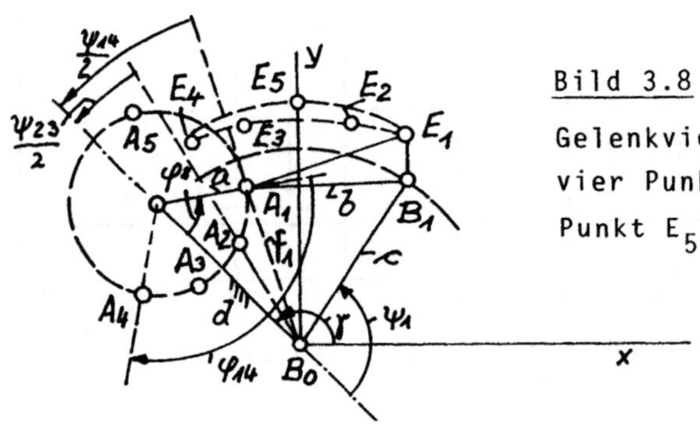

Bild 3.8

Gelenkviereck für Kreisführung der vier Punkte E_1 bis E_4 und für Punkt E_5

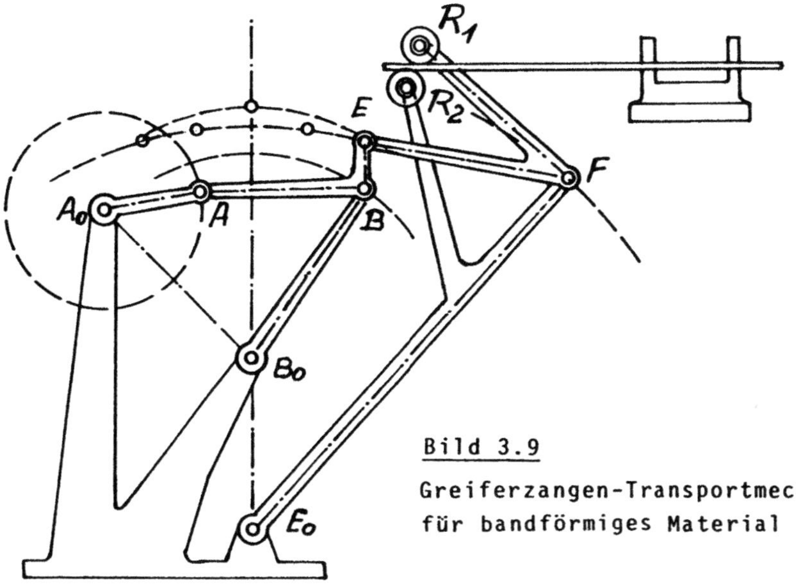

Bild 3.9

Greiferzangen-Transportmechanismus für bandförmiges Material

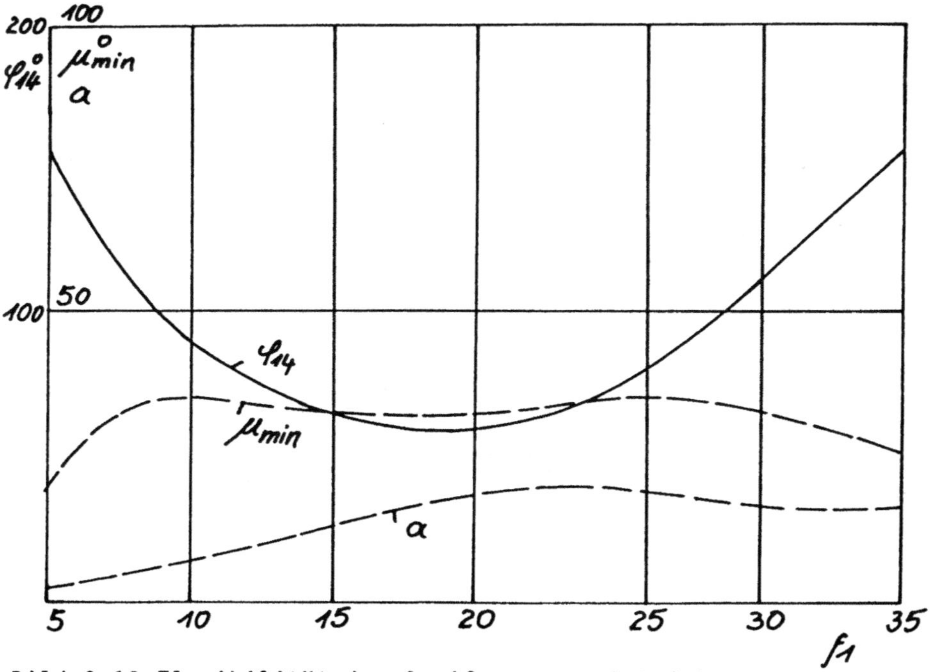

Bild 3.10 Flexibilität des Greiferzangen-Getriebes für veränderliche Arbeitsbedingungen

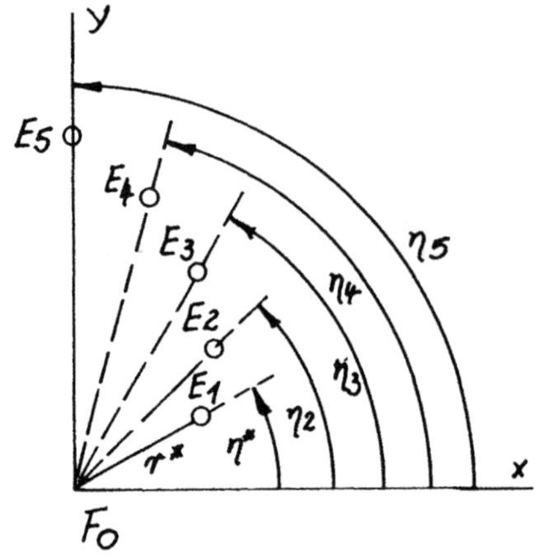

Bild 3.11 Geometrische Grundlagen für die archimedische Spirale

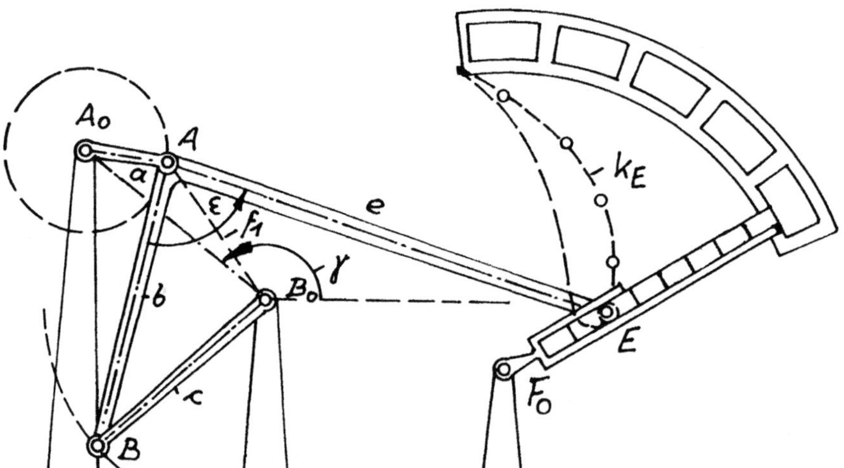

Bild 3.12 Gelenkviereck mit archimedischer Spirale als Teil-Koppelkurve für Sortiergerät

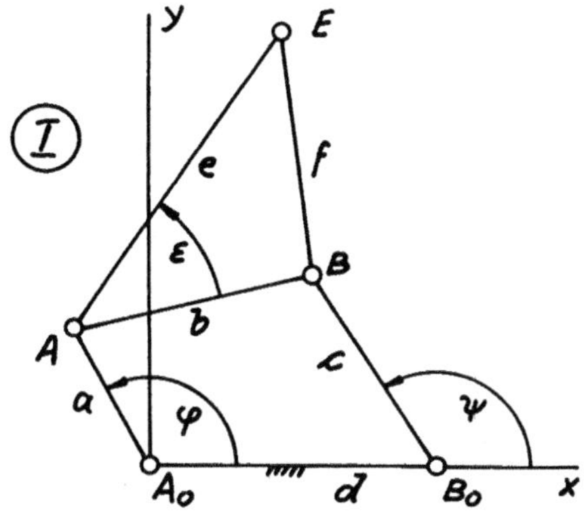

Bild 4.1 Ausgangs-Gelenkviereck I für die Berechnung der beiden koppelkurvengleichen Gelenkvierecke

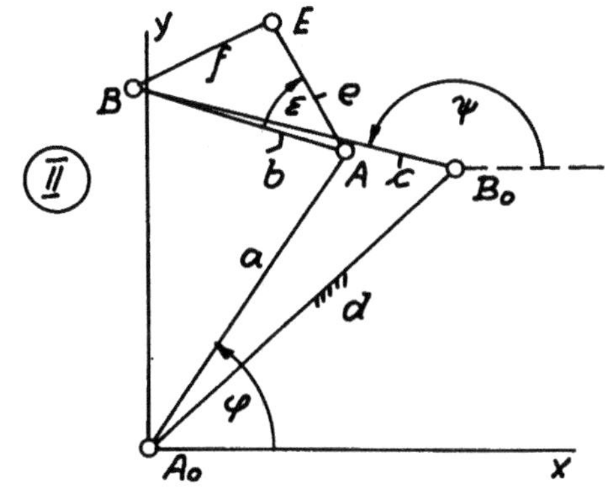

Bild 4.2 Abgewandeltes Gelenkviereck II für Getriebe I für die gleiche Koppelkurve des Punktes E

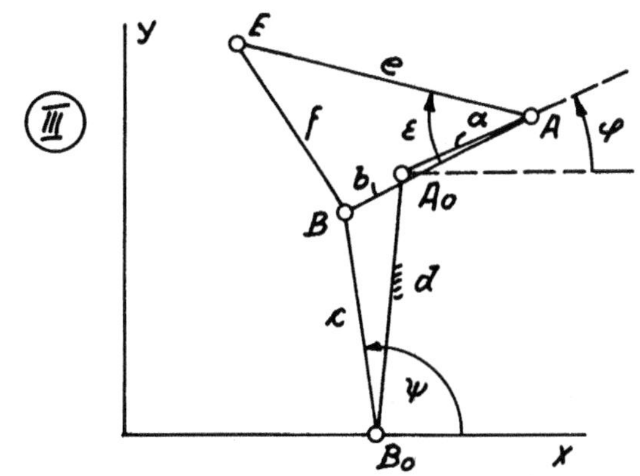

Bild 4.3 Abgewandeltes Gelenkviereck III für Getriebe I für die gleiche Koppelkurve des Punktes E

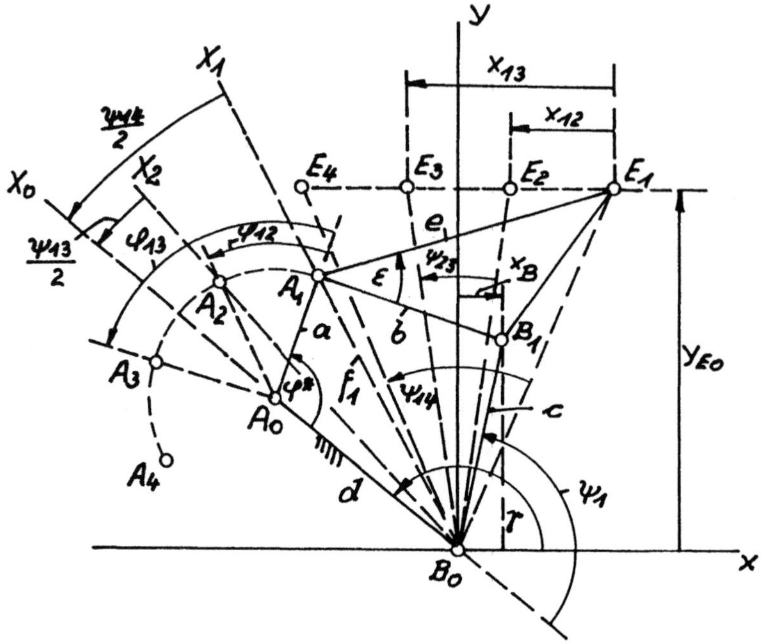

Bild 4.4 Geometrische Grundlagen für die Berechnung einer Gelenkviereck-Geradführung mit linearer Zuordnung zwischen Koppelpunkt-Bewegung (E) und Kurbeldrehung (a)

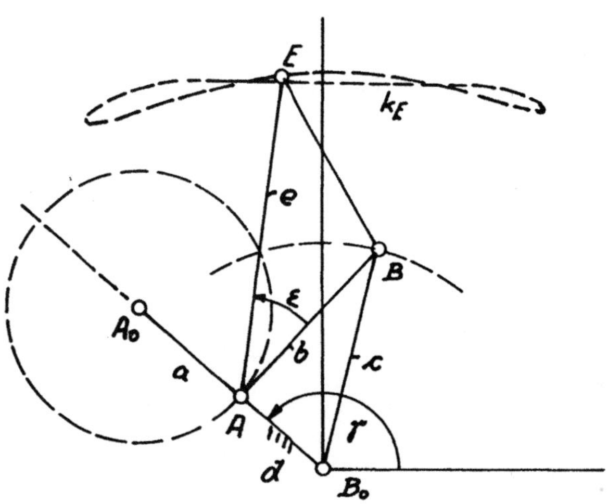

Bild 4.5 Gelenkviereck für geschwindigkeitskonstante Geradführung mit x_B = 8,72

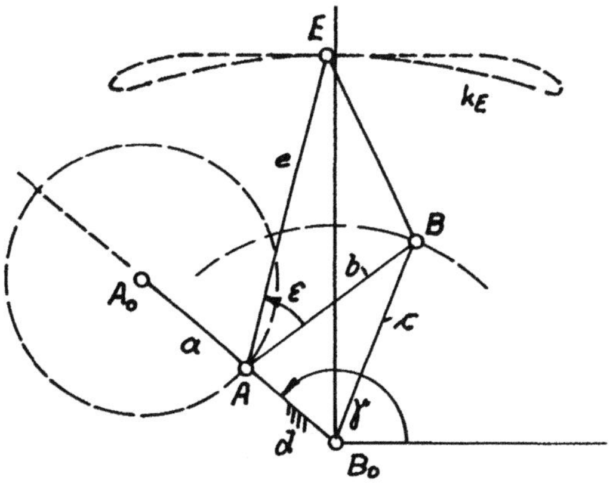

Bild 4.6 Gelenkviereck für geschwindigkeitskonstante Geradführung mit x_B = 8,75

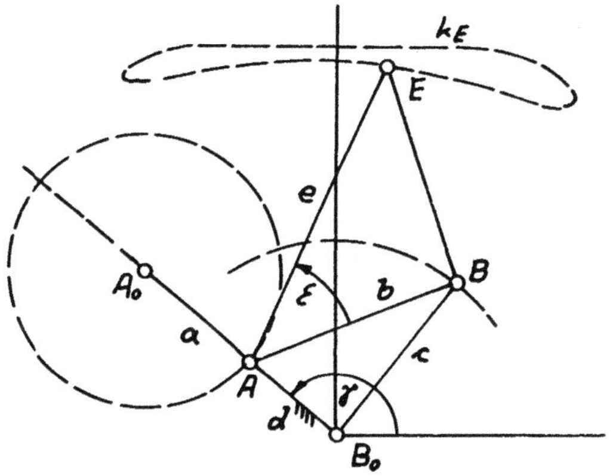

Bild 4.7 Gelenkviereck für geschwindigkeitskonstante Geradführung mit x_B = 8,80

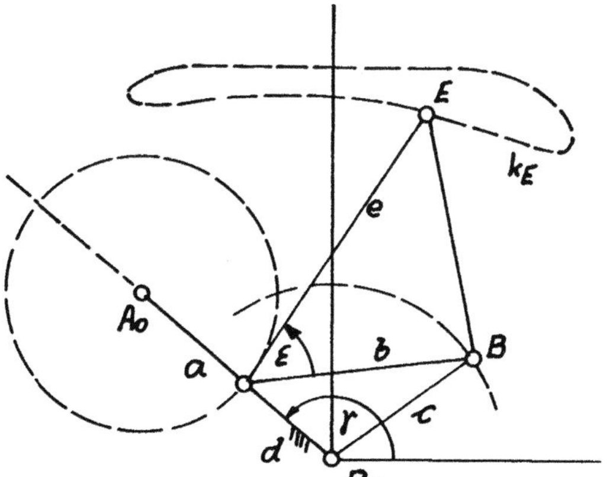

Bild 4.8 Gelenkviereck für geschwindigkeitskonstante Geradführung mit x_B = 8,85

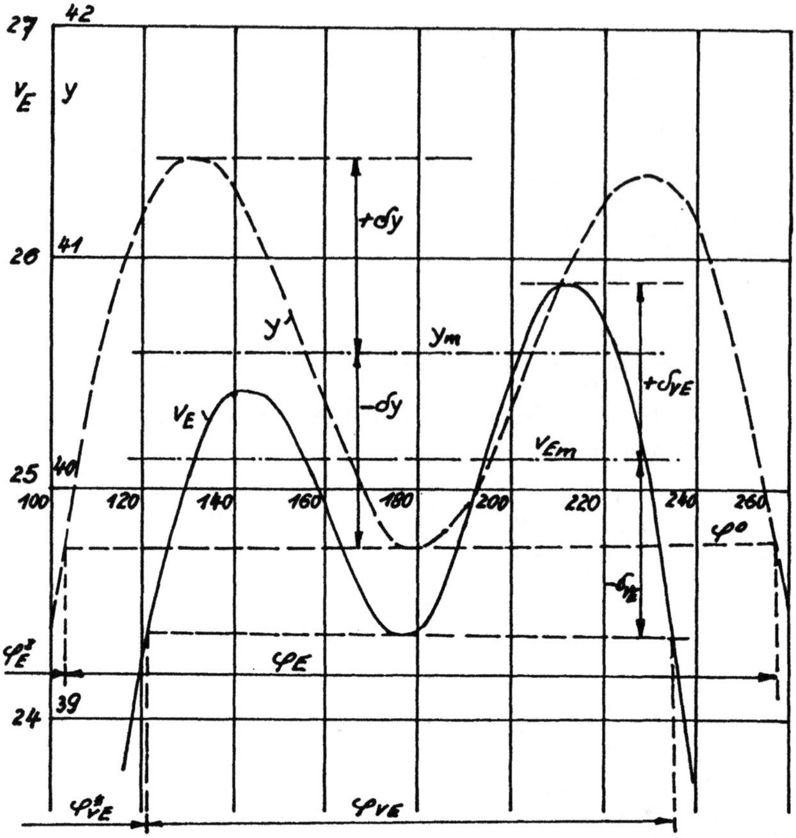

Bild 4.9 Verlauf der geometrischen Abweichung und der Koppelkurven-Geschwindigkeit v_E der Geradführung des Gelenkvierecks nach Bild 4.7

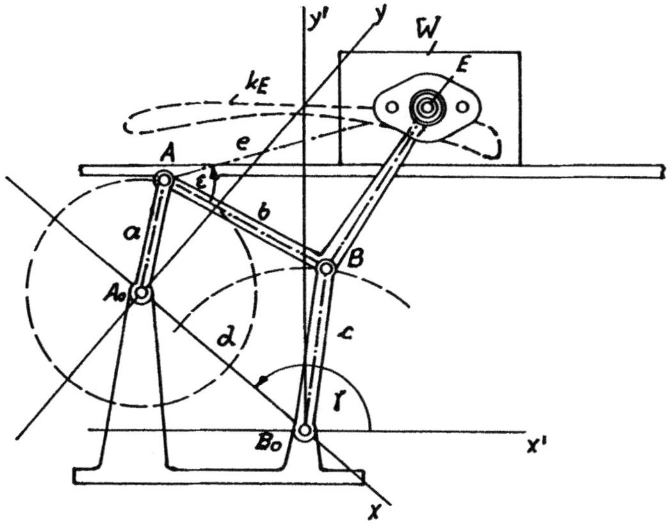

Bild 4.10 Geschwindigkeitskonstante Gelenkviereck-GeradführungI mit den Abmessungen nach Tabelle 4.7 für Bearbeitungs- oder Montage-Vorgänge an bandbewegten Werkstücken

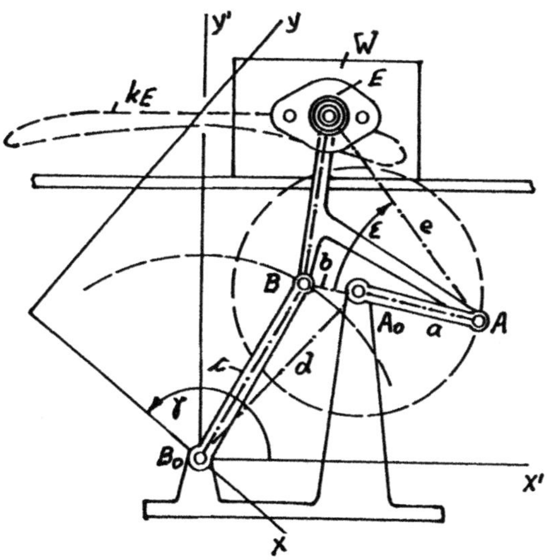

Bild 4.11 Geschwindigkeitskonstante Gelenkviereck-Geradführung III mit den Abmessungen nach Tabelle 4.7 für Bearbeitungs- oder Montage-Vorgänge an bandbewegten Werkstücken

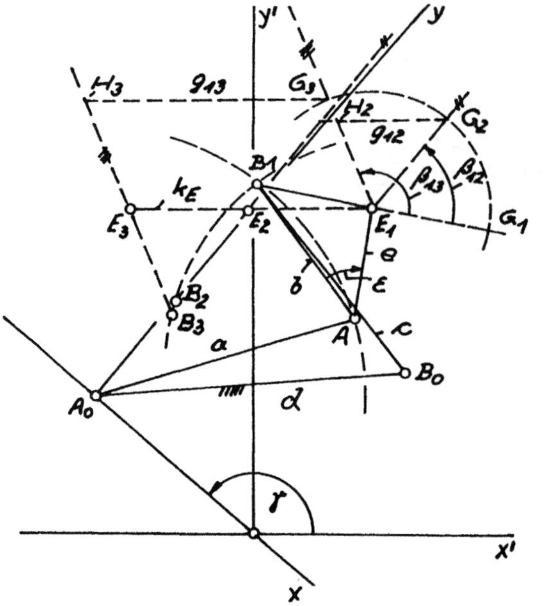

Bild 4.12 Gelenkviereck II nach Tabelle 4.7 als Doppelschwing-Getriebe mit umlaufender Koppel b relativ zum Gestell d

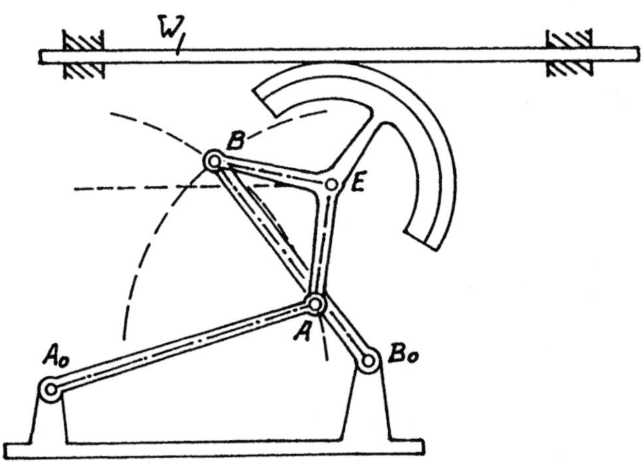

Bild 4.13 Doppelschwing-Getriebe nach Bild 4.12 mit Koppelantrieb und gleichmäßigem Abrollen eines Kreissegmentes auf linear bewegtem Werkstück

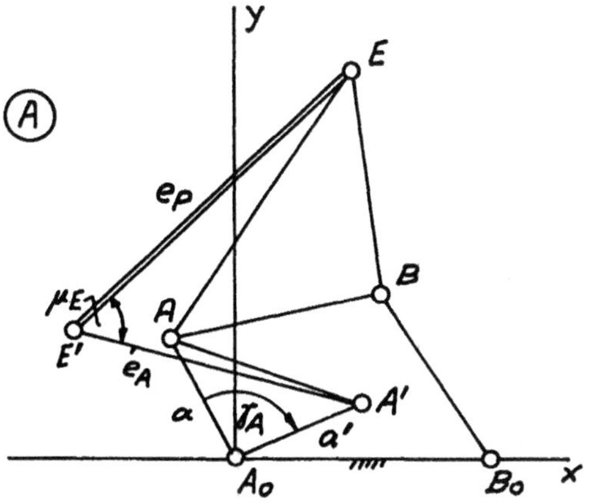

Bild 4.14 Sechsgliedriges Getriebe A für Parallel-Koppelbewegungen, zusammengesetzt aus Gelenkviereck I (Bild 4.1) und Zweischlag $a_{III}e_{III}$ aus Gelenkviereck III (Bild 4.3)

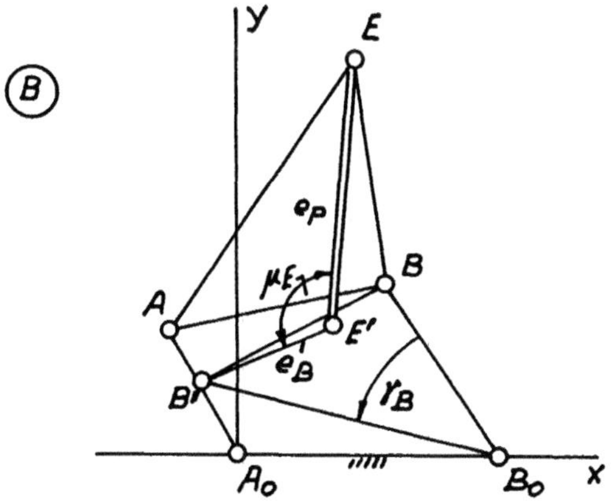

Bild 4.15 Sechsgliedriges Getriebe B für Parallel-Koppelbewegungen, zusammengesetzt aus Gelenkviereck I (Bild 4.1) und Zweischlag $c_{II}f_{II}$ aus Gelenkviereck II (Bild 4.2)

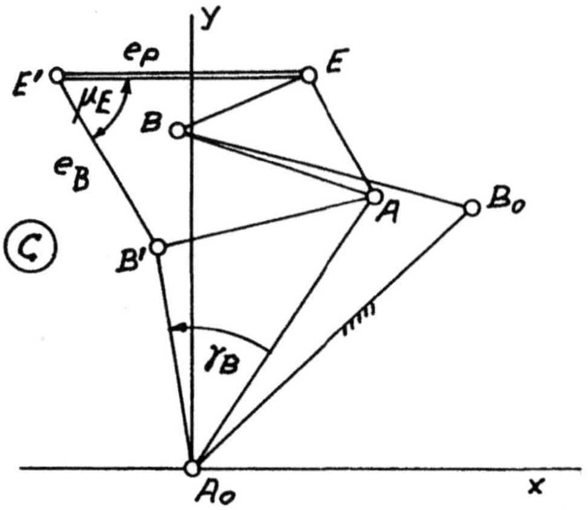

Bild 4.16 Sechsgliedriges Getriebe C für Parallel-Koppelbewegungen, zusammengesetzt aus Gelenkviereck II (Bild 4.2) und Zweischlag $c_{II}f_{II}$ aus Gelenkviereck III (Bild 4.3)

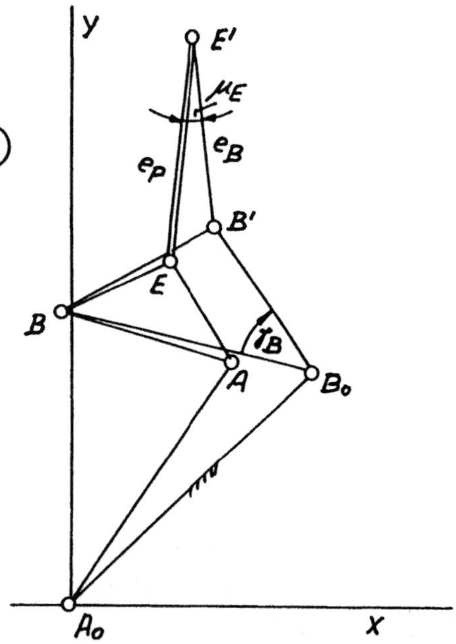

Bild 4.17 Sechsgliedriges Getriebe D für Parallel-Koppelbewegungen, zusammengesetzt aus Gelenkviereck II (Bild 4.2) und Zweischlag $c_I f_I$ aus Gelenkviereck I (Bild 4.1)

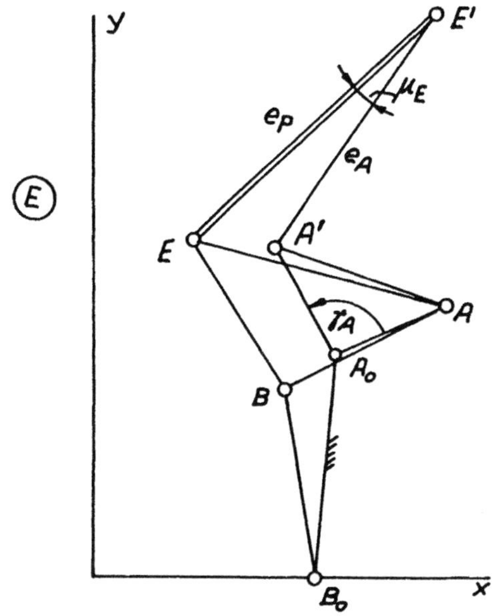

Bild 4.18 Sechsgliedriges Getriebe E für Parallel-Koppelbewegungen, zusammengesetzt aus Gelenkviereck III (Bild 4.3) und Zweischlag $a_I e_I$ aus Gelenkviereck I (Bild 4.1)

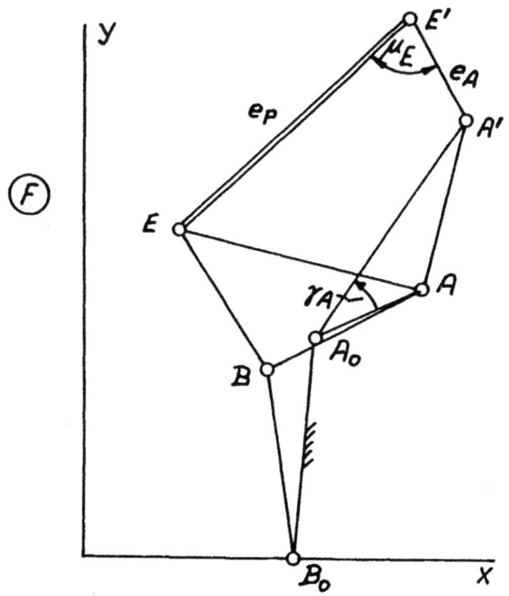

Bild 4.19 Sechsgliedriges Getriebe F für Parallel-Koppelbewegungen, zusammengesetzt aus Gelenkviereck III (Bild 4.3) und Zweischlag $a_{II} e_{II}$ aus Gelenkviereck II (Bild 4.2)

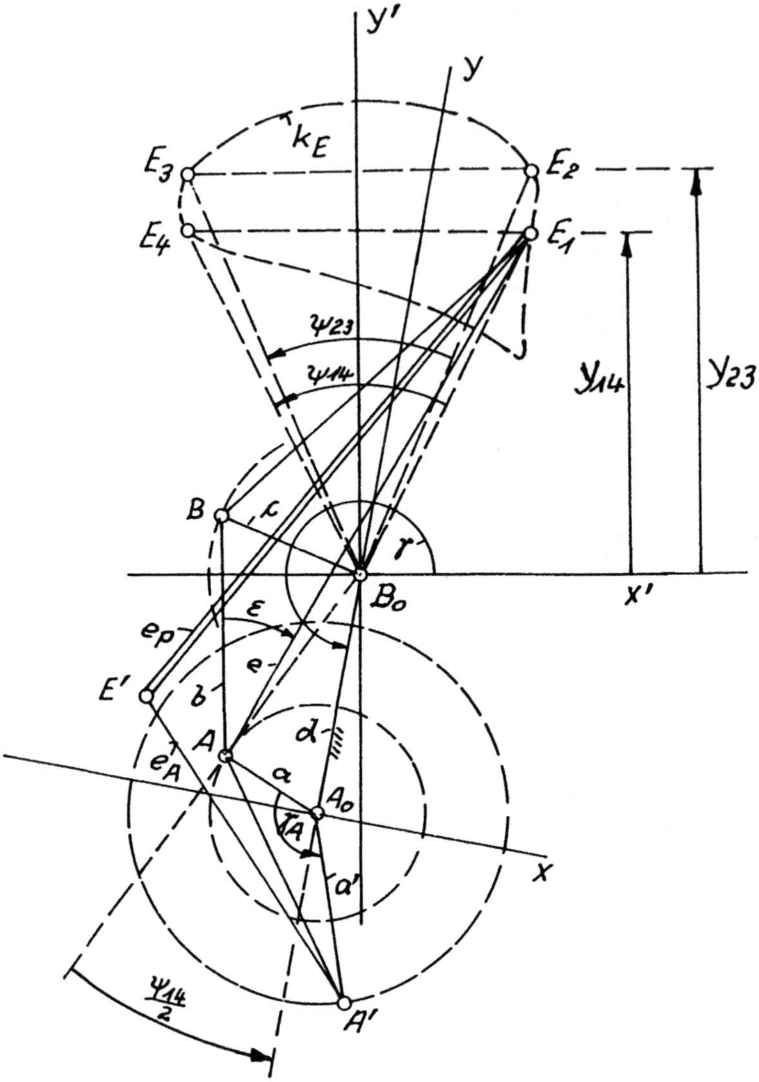

Bild 4.20 Geometrische Grundlagen für die Berechnung eines Gelenkvierecks für vier Genaupunkte E_1 bis E_4 und eines durch Zweischlag-Erweiterung entstandenen sechsgliedrigen Getriebes für Parallel-Koppelbewegungen

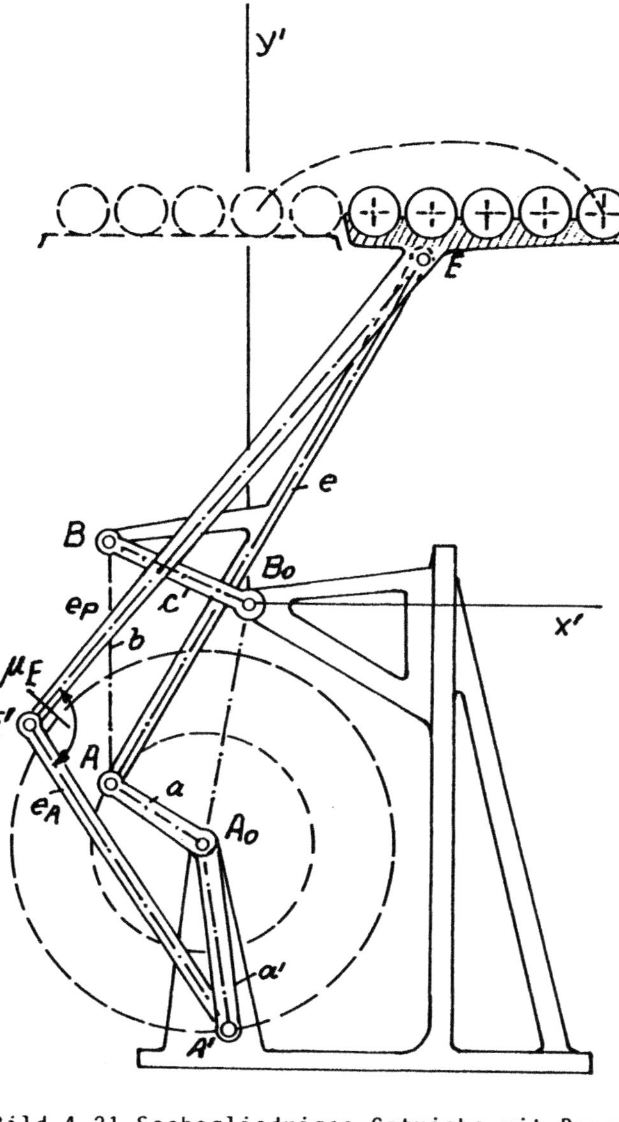

Bild 4.21 Sechsgliedriges Getriebe mit Parallel-Koppelbewegung für den Takttransport von Werkstückreihen

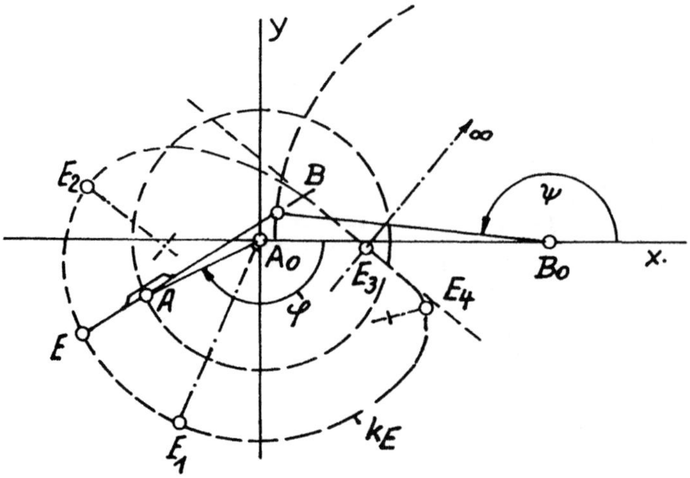

Bild 4.22 Gelenkviereck als Kurbelschwinge mit einer Koppelkurve k_E für die Erzeugung einer Rastbewegung

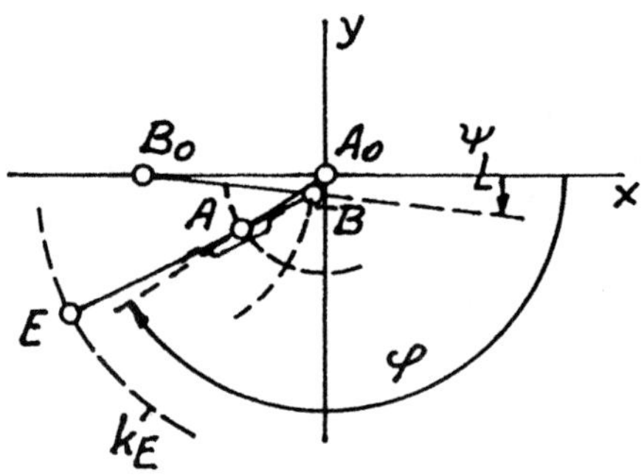

Bild 4.23 Umlauffähiges Doppelschwing-Getriebe als koppelkurvengleiches Getriebe für das Kurbelschwing-Getriebe nach Bild 4.22

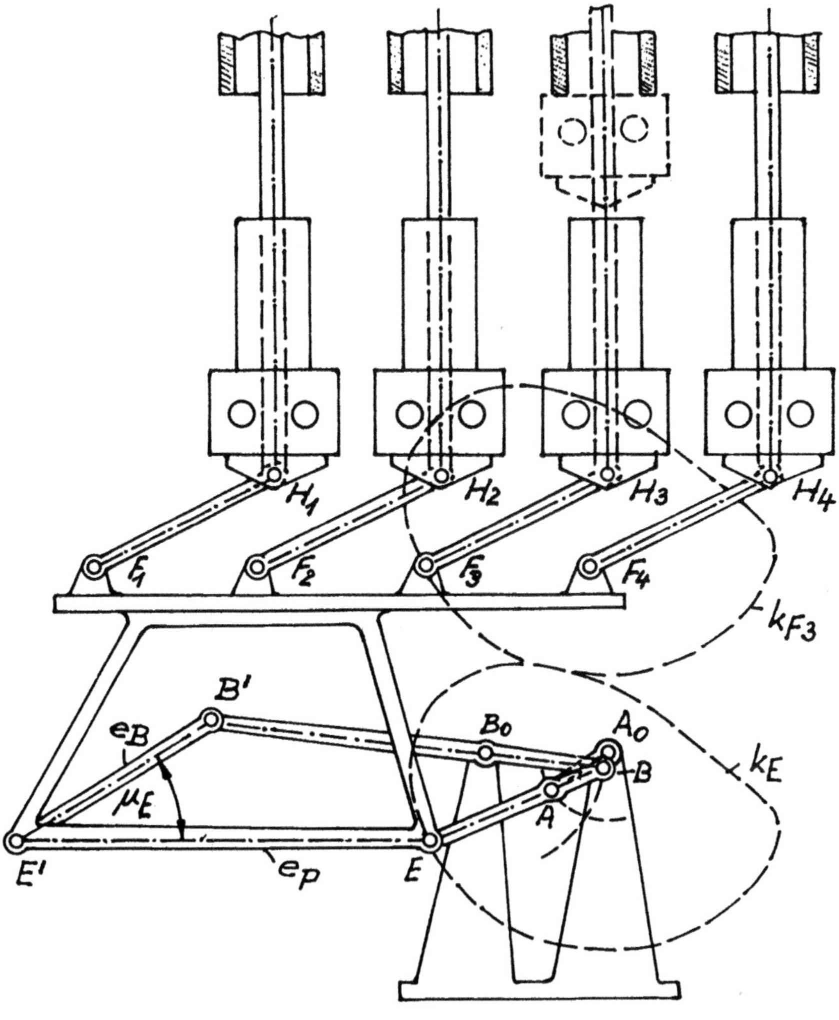

Bild 4.24 Sechsgliedriges Getriebe mit Parallel-Koppelbewegung zum gleichzeitigen und gleichartigen Bearbeiten und Fördern mehrerer Werkstücke

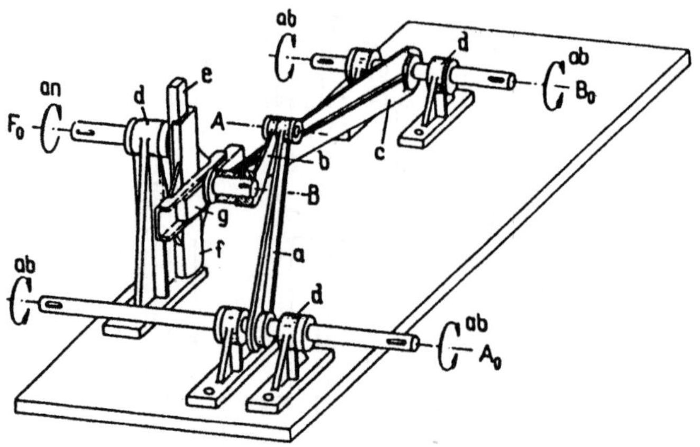

Bild 4.25 Antrieb eines umlauffähigen Doppelschwing-Getriebes vom Gestell aus mit Hilfe einer Oldham-Kupplung

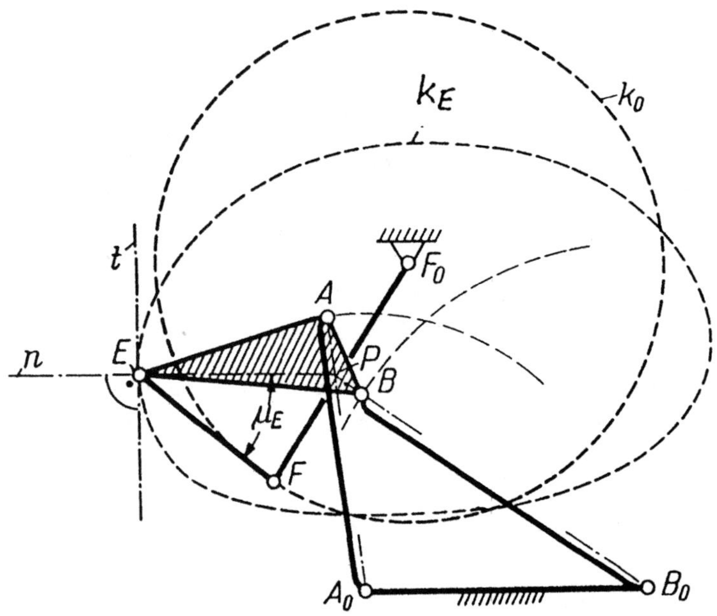

Bild 4.26 Umlaufender Antrieb eines Doppelschwing-Getriebes mit einem den Koppelpunkt E treibenden Zusatz-Zweischlag

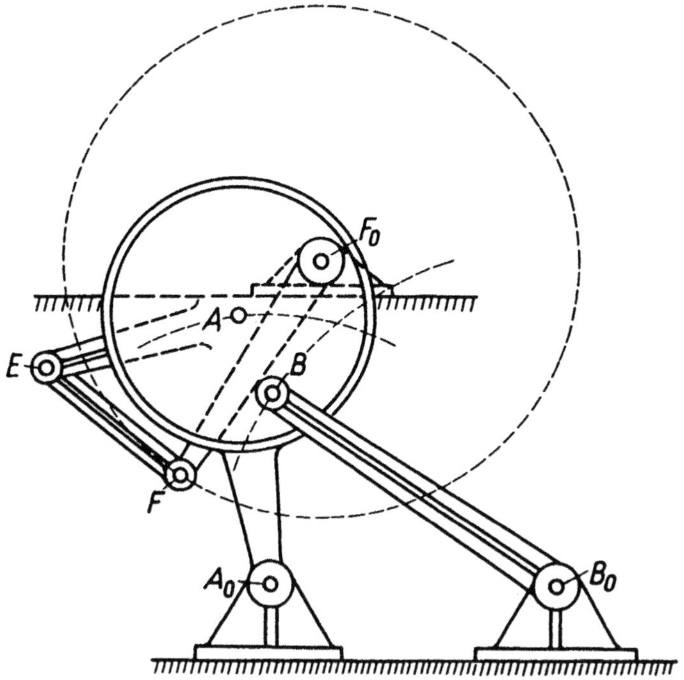

Bild 4.27 Praktische Ausführung des Doppelschwing-Getriebes nach Bild 4.26 mit Hilfe einer als Zapfenerweiterung dienenden Exzenterscheibe

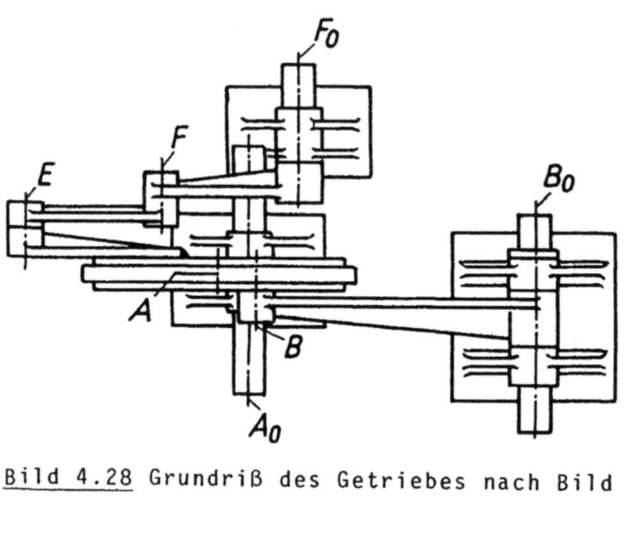

Bild 4.28 Grundriß des Getriebes nach Bild 4.27

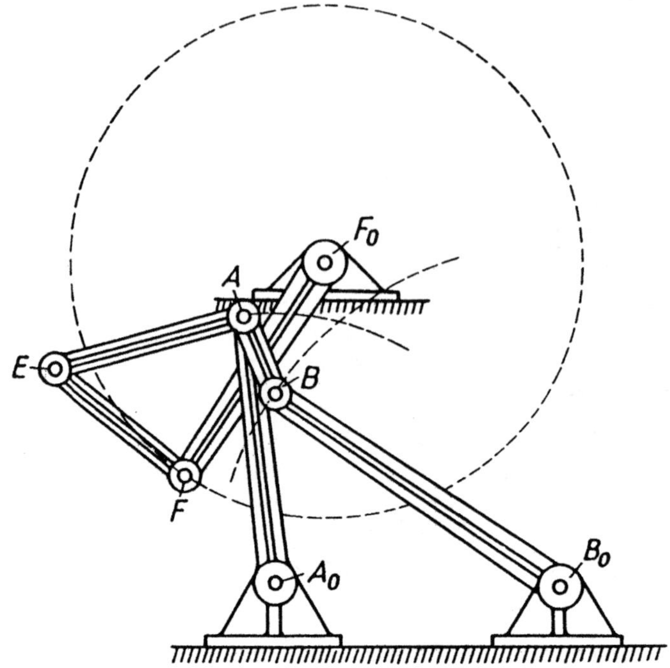

Bild 4.29 Praktische Ausführung des Doppelschwing-Getriebes mit Hilfe einer an der Koppel wirkenden Kurbelwelle

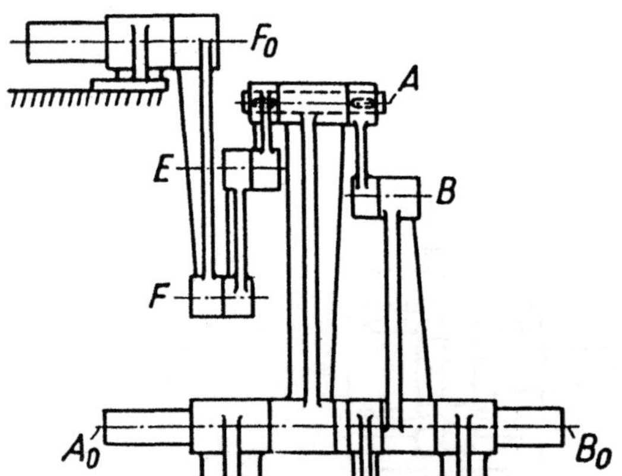

Bild 4.30 Seitenriß des Getriebes nach Bild 4.29

VIEWEG

Kurt Hain und Harald Schumny

Gelenkgetriebe-Konstruktion

mit Kleinrechnern HP-Serie 40 (HP-41 C/CV) und HP-Serie 80 (HP-83, HP-85, HP-86, HP-87). 1984. Ca. 200 S. mit 38 Abb. und 81 Tab. 16,2 X 22,9 cm. (Anwendung vom Mikrocomputern, Bd. 9.) Br.

Inhalt: Problemstellung – Besonderheit der verwendeten Kleinreichner und Bedienungshinweise – Berechnung von Gelenkvierecken für gegebene Winkelbewegungen – Der rechnerische Getriebeentwurf zur Erzeugung gegebener Bahnkurven – Sachwortverzeichnis.

In diesem Band werden zwei Grundprobleme der Getriebesynthese behandelt: die Verwendung ungleichmäßig übersetzender Getriebe als Funktionsmechanismen und Führungsgetriebe, bei denen ein Koppelpunkt eine gegebene Bahnkurve durchlaufen soll. Die Programmierunterlagen werden in allgemeiner Form dargestellt, zugleich aber für die genannten Rechnerserien aufbereitet.

GPSR Compliance

The European Union's (EU) General Product Safety Regulation (GPSR) is a set of rules that requires consumer products to be safe and our obligations to ensure this.

If you have any concerns about our products, you can contact us on ProductSafety@springernature.com

In case Publisher is established outside the EU, the EU authorized representative is:

Springer Nature Customer Service Center GmbH
Europaplatz 3
69115 Heidelberg, Germany

Batch number: 08575565

Printed by Printforce, the Netherlands